你不知道的动物秘密大起底

百变的昆虫形象

【英】乔治·赫伯特·卡朋特◎著
赵吉勇◎译

黑龙江教育出版社

图书在版编目（CIP）数据

百变的昆虫形象 /（英）卡朋特著 ; 赵吉勇译. --
哈尔滨 : 黑龙江教育出版社, 2013.1
（你不知道的动物秘密大起底）
ISBN 978-7-5316-6866-4

Ⅰ. ①百… Ⅱ. ①卡… ②赵… Ⅲ. ①昆虫－少儿读物
Ⅳ. ①Q96-49

中国版本图书馆CIP数据核字(2013)第022271号

你不知道的动物秘密大起底：百变的昆虫形象

作　　者	（英）乔治·赫伯特·卡朋特
译　　者	赵吉勇
责任编辑	宋舒白
封面设计	吉光行文
出版发行	黑龙江教育出版社
印　　刷	三河市灵山装订厂
开　　本	710×1000　1/16
印　　张	12.5
字　　数	198千
版　　次	2013年4月第1版　2013年4月第1次印刷
书　　号	ISBN 978-7-5316-6866-4
定　　价	28.80元

写给小读者的话

你见过人类小时候的模样吗？你见过猫咪、狗狗小时候的模样吗？你见过鸟儿小时候的模样吗？好吧，我承认这些问题有些幼稚，尤其是第一个，我们每个人都是从小宝宝长成大人的，当然见过自己小时候的模样了。所以，这些问题实在不太高明。

但是，接下来的这些问题可是有难度了：你见过昆虫小时候的模样吗？好好想一想，你是不是遇到过正在树叶上晒太阳的毛毛虫，挂在树枝上随风摇摆的蛹，在土壤中用力钻啊钻的小虫子……没错，这些都是昆虫小时候的模样。我可没有骗人哦，不相信的话就翻开书看一看吧！

这本书出自英国著名的自然学家、昆虫学家乔治·赫伯特·卡朋特笔下，作者为我们详尽地描述了昆虫的成长过程。在这里，小读者们会对昆虫不同阶段的特点、变化、成长等有一个全面、科学的了解。此外，小读者们在掌握昆虫整体发育知识的同时，还会认识各种昆虫之间存在的微小差异，从而对各种昆虫的成长有更加深入的认知。作者不仅向我们展现了丰富的昆虫知识，还为我们描绘了一幅生机盎然的昆虫生活场景。可以说，这是一部非常充实的昆虫成长史，是每一位小读者必备的趣味科普图书。

由于原著内容专业性比较强，对年轻的小读者来说颇有些难度。因此，为了满足小读者的阅读需求，让小读者们能够更好地了解昆虫，我们对这本著作进行了精心的整理和改编，并特意加入了我国民间比较常见的昆虫介绍，使之更加适合小读者的阅读习惯，同时我们将有些昆虫与我国特有的文化结合在一起进行讲解，比如蟋蟀和蚕在我国历史文化上的特殊地位，从而能够让小读者对我国的部分文化历史有所了解并增强民族自豪感。

相信读完这本书，大家一定会更加热爱我们的生活、热爱大自然。在此，我们祝愿每一位小读者，在获取知识的同时收获成长的快乐！

目录

Contents

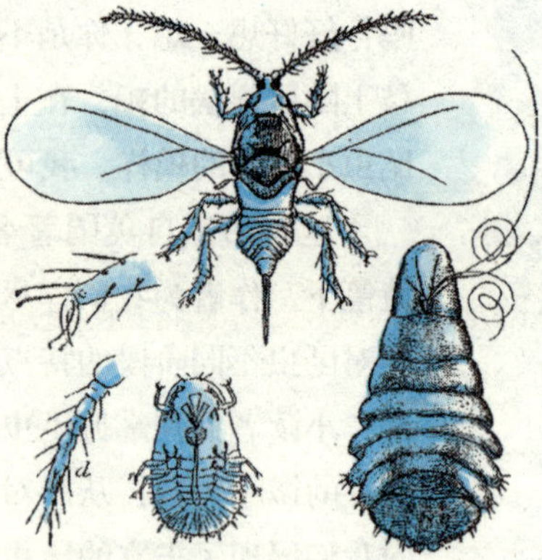

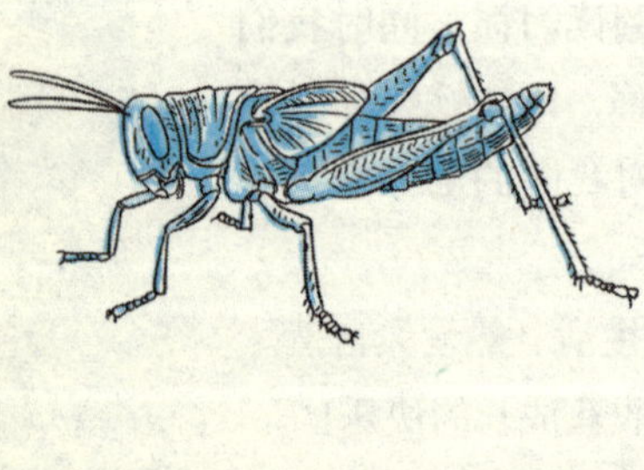

第5章　由内而外的大变形

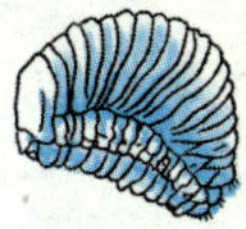

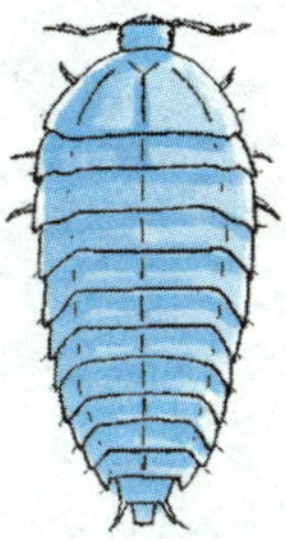

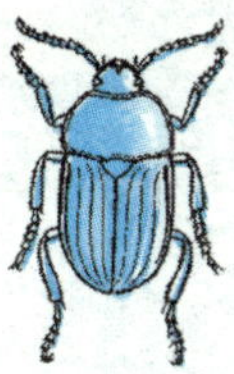

第6章　破蛹而出的昆虫

第7章　昆虫幼虫和它的适应性

第8章　昆虫的生命故事和季节

附录

1

第1章 走进奇妙的昆虫世界

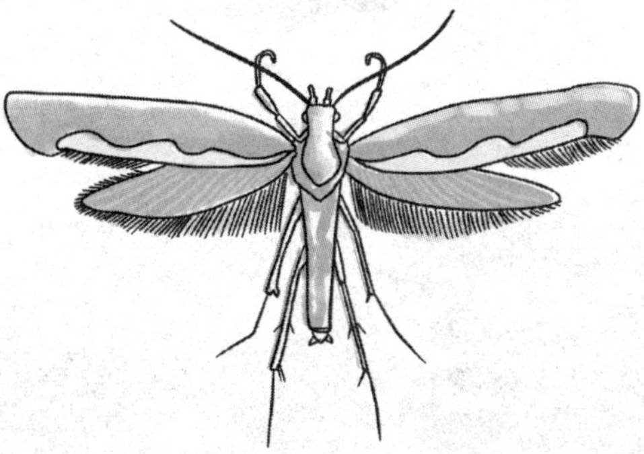

绞车蛾的幼虫

蛾子的头部

一只黄色的飞蛾停在叶片上

你知道在地球上数量最多的动物群体是什么吗？现在我就来告诉你，是昆虫！经过细心观察你会发现，几乎在每个角落我们都能找到它们的身影。比如在草地和田野里我们会见到蚂蚁、蟋蟀、螳螂和蚱蜢，在万花丛中我们会遇到翩翩起舞的蝴蝶和勤劳的小蜜蜂，而在厨房或家中的角落里我们还会发现令人讨厌的蟑螂及臭虫。说到这里恐怕你会觉得昆虫不陌生了吧？其实它们和我们一样，

勤劳的小蜜蜂在采蜜

都属于大自然中不可缺少的一员。

但是每当看到这些形态各异的昆虫的时候，你想过要了解它们吗？你知道它们的生活习性及成长过程吗？如果我告诉你蝴蝶是由毛毛虫变来的，蜻蜓的幼虫是在水中生活的，只有雌性的蚊子才会叮人，听到这些，你是不是觉得很奇怪呢？那长话短说，现在就跟我一起来了解各种昆虫的成长过程吧！

在千姿百态的生物体中，没有什么比昆虫的进化更能让人感兴趣了，尤其是对大自然充满兴趣的孩子们会更加为昆虫的进化过程着迷。我们无意中会发现，停驻在菜叶上的白蝴蝶产的卵居然变成了小毛毛虫，而且假如经过细心观察，我们还能亲眼见证这些虫卵变身为会吐丝的毛毛虫的神奇过程！其实不仅仅是我们，就连自然学家及他们的前辈在探索这些看似普通而又奇妙的生命故事时，也会像我们一样满脑子充满疑问。

吸取汁蜜的蝴蝶

相信我们每一个人对蝶类都不陌生，那现在我们就以菜蛾为例来看一下吧！菜蛾有着两双带鳞片的翅膀，翅膀的下面是由前胸、中胸和后胸构成的3个胸节，而在胸节下面就是它的腿了。接下来我们看到的就是菜蛾胸部前面的头部了。在菜蛾的头上最突出的是，有一对长长的触须，和一双大大圆圆的复眼。在它的头下，也许还能看到，一个盘绕着的像弹簧的东西，有时会伸出来，从花丛中吸取汁蜜，其实这就是它的口器，也被我们叫做喙管。菜蛾胸部的下面就是它的腹部了，菜蛾蝴蝶的腹部是由9个或10个节组成的。而包裹在它整个身体外的坚硬的表皮，被毛发或者鳞片所覆盖着。此外，沿着它的腹部两侧各有一组开放的气门，这些气门与遍布身体的气管相连接，这样菜蛾便可以呼吸到新鲜的空气了！

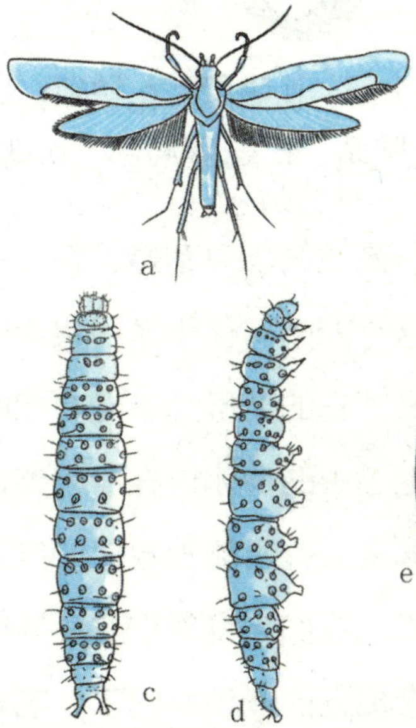

a.菜蛾，b.幼虫，c和d.成虫，e.蛹

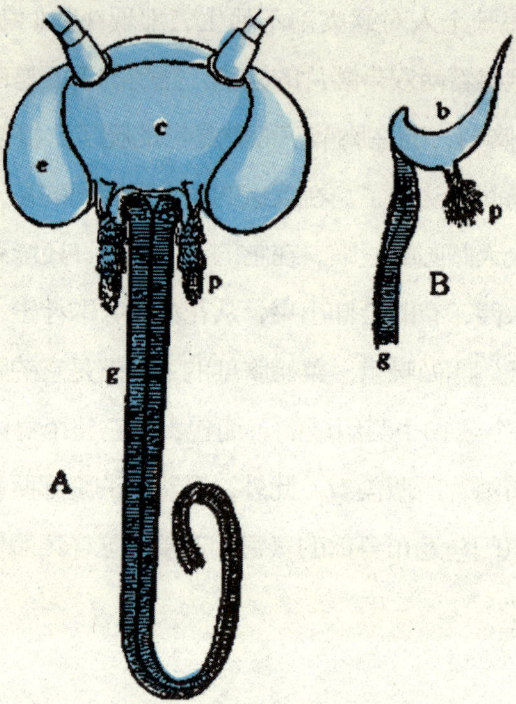

A.蛾的头部，g.喙管，p.触须，c.脸部，
e.眼睛，B.喙管局部，b.基部

刚才我们在前面所描述的那只菜蛾，在一种我们常见的蔬菜上产下了一个卵，而后从这个卵中孵化出了一只会爬的毛毛虫。但是奇怪的是，这只毛毛虫与产下它的父母几乎没有相同之处！除了它头部的表皮比较坚硬之外，毛毛虫的身体外壳看起来是那么的薄弱有弹性！尽管如此，毛毛虫的体表很有可能长着保护自身的毛发，或者是有尖尖的体刺。再仔细观察，我们会发现它的触须很短，眼睛很小也很简单，与上颌骨和下颌骨相连的就是嘴巴了。毛毛虫有着强壮的口器，

这样它才可以刺咬坚硬的食物，这是它的父母菜蛾所不具备的。它胸部下面的3条腿相对来说比较短，腹部也长着短短的前腿，这样才会使它具有依附性并且能够爬行。也许我们会很诧异，它的身体外部怎么没有长出翅膀的迹象呢？

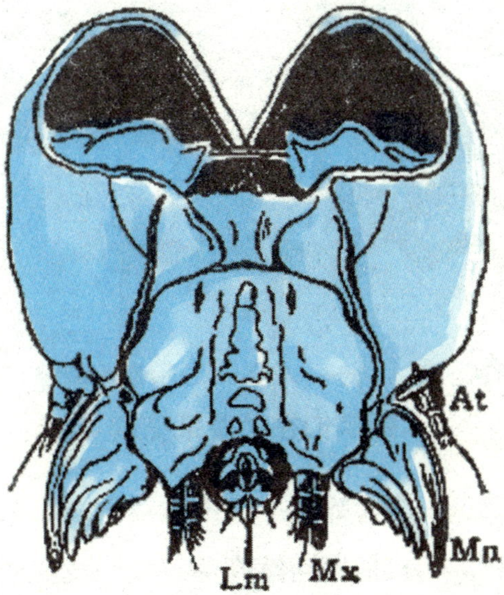

毛毛虫的头部（At.触须，Mn.上颚，Mx.小颚，Lm.唇）

通过这些我们可以看出，毛毛虫的外部结构与它的父母差别实在是太大了。另外从移动和进食方式上来说，它的父母菜蛾多是吸吮芳香的花蜜及液体，而毛毛虫则是咬食硬硬的树木及蔬菜等植物的叶子。而且可能大家还都知道，在长成父母的样子之前，它还有一个蛹的阶段，而在这个时期，它可是既不能动来动去，也不能摄取任何食物的。

蝴蝶们在忙着采花蜜

其实与很多昆虫相比，蝴蝶产的卵相对来说还是比较大的，而且里面还有大量的卵黄呢！根据自然规律，我们发现从这种卵孵化而来的小动物与它们的父母十分相似，并且在它们的一生中也不会有多大的变化。小鸡、鳄鱼、狗鲨、乌贼和蜘蛛都是这条规律的良好证明。一般而言，陆地动物所产出的幼仔都是父母们的缩小版，例如马、狗和其他哺乳动物，以及蜗牛、鼻涕虫、蝎子和蚯蚓等，它们都跟自己的父母很像吧？从另一方面来说，一些需要变形的动物的卵都比较小，而且在幼虫阶段它们都是低等的水生动物。例如海星的幼体，几乎没有一个特征与它的父母相似。而在幼期与牡蛎十分相似的一种海底虫类，长大之后它们之间却有着十分大的差距呢！

美丽的海星

爬行中的蜗牛

假如以一类动物为例，如甲壳类和一些类似的昆虫，我们会发现，属于低级动物的水蚤和藤壶经历的变化要比高级的同类动物，如龙虾和木虱等的变化要显著多了。也许大家都知道，毛毛虫蜕变成蝴蝶的生命故事，是让很多动物进化研究者深感疑惑的个例。但是我们知道，往往就是这些个例是使人对解除疑惑产生兴趣的金钥匙。

许多世纪以来，自然学家们对如何解释昆虫的变化过程付出了艰辛的努力。那你想了解这些吗？如果想的话，那现在就跟我一起去看看吧！

第2章

昆虫成长和变形的秘密

3只爬在墙上的蟑螂

漂亮的绿蚱蜢

准备好战斗的螳螂

从上一章中我们知道，毛毛虫和蝴蝶的差别可大了。而且通过研究昆虫的成长和变形就可以发现，幼期的昆虫和成年之后的昆虫之间的差别比我们想象到的要大很多呢！比如说吧，你知道蛆是苍蝇的幼虫吗？从它们的外表上来看，这无论如何都无法令人相信吧？还有其他的昆虫，比如蚱蜢或者盲

绿叶上的蚱蜢

蛴，它们的幼虫和成虫的差别也令人吃惊。既然这些昆虫的幼虫和成虫差别如此惊人，我们还是先研究一下那些幼虫和成虫差别比较小的昆虫吧。可是问题又来了，我们首先必须好好理解一下昆虫在成长阶段会出现哪些不同的特征。

首先，我们需要认识到昆虫外形的变化在它们的成长过程中是不可避免的。有些遗憾的是，这本书对昆虫的外形特征进行了很多讲解，但是对它们的内部特征的介绍并不多。然而，昆虫的外部特征和它的内部结构之间有很重要的联系，我们必须认真地理解这种联系。在庞大的动物家族中，昆虫组成了一个节足动物门——它们的身体外部都被角质层包裹着。这个角质层有些地方很坚硬，形成了昆虫的外骨骼，在外骨骼和角质层之间的部分柔软而富有韧性。昆虫身上摸起来坚硬的部分呈节段状，各节之间的连接部分非常灵活，同时连接在外骨骼内部的肌肉能够收缩，这样就保证了昆虫能够自由地活动，而且行动非常精确。

这个有接缝的外骨骼，也可以说是一副连接得天衣无缝的盔甲，可是它有一个缺点：它不是昆虫的活组织的一部分。它只是昆虫的上皮细胞分泌的一种液体凝固后的形成物，如果昆虫停止了生长，这个外骨骼的伸缩性就大大减小了。因此，在昆虫成长的阶段，这层外骨骼或者可以说是表皮就会不断脱落，并跟随着昆虫的身体一起生长变大。这也就是为什么在昆虫或者说节足动物门的小动物们——例如龙虾、蜘蛛或者蜈蚣——生长的时候会不断地把皮脱掉的原因了。人们通常把它们脱掉外皮的过程称为“脱皮”或者“蜕皮”。

悬挂在蜘蛛网上的蜘蛛

当昆虫即将蜕皮的时候，它的外角质层就会与下面的上皮层脱离，同时在这里形成一层新的液体凝固体。稚嫩的角质层的形成与上皮层的关系很大，每当这时，旧的角质层就会张开，形成一条纵长的小细缝，给崭新的角质层留出成型的空间。最初，这个新角质层又薄又松弛，不过不久以后，等它接触到空气的时候，它就会变得坚硬，颜色也变深了，逐渐地取代了昆虫蜕掉的旧角质层。这个时候的外角质层也绝对不是完全的外部角质层。昆虫的大部分消化道和整个氧气导入管是由表皮（外胚层）的延伸而形成的，因此它们也会跟着角质层的脱落而脱落。

当然，所有昆虫的蜕皮形式都不太一样，有的你一眼就能看得出来，有的却变化不太明显。而且形成的新表皮并不仅仅是完全代替了旧皮，它还带有新的特点，同时它还是昆虫走向成熟的一种标志呢！即使是那些让我们充满兴趣的原始昆虫，比如一些缨尾目和弹尾目的昆虫，虽然它们的翅膀没有得到发育，但是我们却能从它们的形态结构和肢体分布上，明显地看到它们在不同阶段的发展痕迹，比如石蚤就是一个很好的例子。但是与很多昆虫相比，它所经历的变化并不是十分明显，而且它还被人们冠以了“无变态类昆虫”的大名，通俗一点来说，也就是它的生命历程中并没有发生多大的变化。

除了上面说到的石蚤之外，就连我们常见的蟑螂和蚱蜢，在它们身上可观察到的变化也不太明显，接下来我们可以简要地描述一下它们生命变化的主要特点了。我们常常发现，由卵孵化而来的一些幼虫，从大体的形态上来看与它们的父母十分相似，我们常常亲切地称它们为“成年的缩影”，其实这也并没有什么不恰当。小蟑螂也有着扁平的身体，圆圆的前胸，硬硬的触须或尾须。而小蚱蜢也长着像成年蚱蜢那样长而有力、可以自由弹跳的后腿。

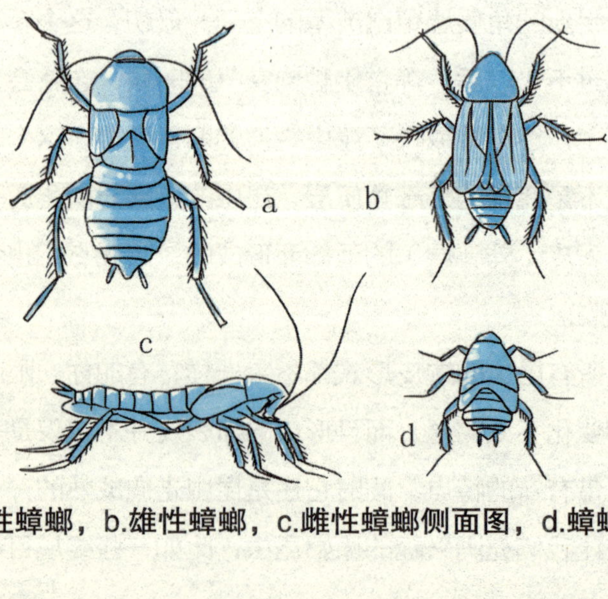

a.雌性蟑螂，b.雄性蟑螂，c.雌性蟑螂侧面图，d.蟑螂幼虫

这些昆虫在走向成熟的过程中可要经历4～5次的蜕皮呢！而且每次蜕皮之间都有着显著的龄期。然而第一次蜕皮和成熟期的蜕皮相比，还是有很大的不同并带有显著的特点的。比如在第一次蜕皮的时候，很多幼虫的身上并没有长翅膀的迹象，但是在第一次或第二次蜕皮之后，明显的翅芽便在第二或第三胸段上自然显现出来了。

我们发现，在接下来的龄期中，这些变化一次比一次显著，并且到了第四或第五个阶段，我们就能看到分支的气管，其实这就是正要成熟的翅膀上的翅脉。而在最后一次蜕皮中，翅膀会完全显露出来，它由一个个相互连接的片段支撑起，并且还能进行活动呢！一般情况下，在倒数第二个龄期，即蛹的阶段，在表皮下就会形成翅芽，而新形成的翅膀短小而褶皱。但是在翅膀硬化的过程中，翅膀会很快长大，翅脉之中也渐渐充满了血液和空气，这样翅膀也逐渐变得大而坚固，并且也适于活动和飞行了。

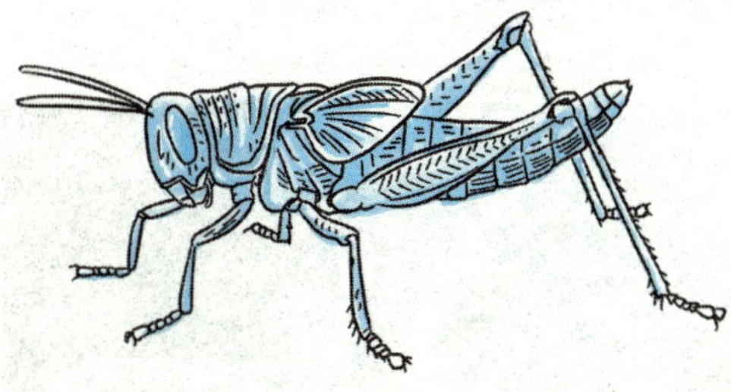

蚱蜢蛹的阶段，已经有了明显的翅芽

龄期这个词是由费舍尔提出的，并且在1895年得到了昆虫学家夏普的大力提倡。那什么叫做龄期呢？其实，龄期的意思是昆虫在一个生命阶段中所呈现出的形态。首先，我们把生物从卵中孵化出来的阶段叫做第一个龄期，接下来的蜕变便为第二个龄期，以此类推，蜕变的次数总是比龄期的次数少一个。

其实，这些昆虫所经历的变化和翅膀的发育也有密切的关联。但值得我们注意的是，幼蟑螂的背部表皮十分坚硬，而成年蟑螂的前胸表皮虽然坚硬，但是两个后胸及腹部各节的背侧却有些薄而脆弱。事实上，它也并不需要有多么的强固，因为有两个坚硬的前翅所覆盖，除了在飞行的时候，翅膀自会遮挡和保护这个地方。

但是，其他结构的微小变化和翅膀就没有多大的关系了。在年幼的蚱蜢中，相对而言，蚱蜢幼虫身上的触须要比成年的粗壮，而且前胸并没有特别明显的沟纹。同时性别差异上的变化也要注意，例如，未成年的雄性和雌性蟑螂都有一对节状的尾须，或者是在第十腹节上长有尾须，在第九腹节上长有探针和一对脱节的肢体。而成年的阶段，雄性和雌性都有尾须，但是却只有雄性有探针，而雌性身上的探针则在最后的一次蜕变中消失了。

成年蚱蜢

了解到蟑螂或蚱蜢的成长过程中的主要特征，我们会发现在它们身上并没有明显的突变。通常除了翅膀之外，刚孵化出的昆虫和它们的父母极为形似。只是在较早的龄期，在幼虫的胸片上我们可以看到刚长出的翅芽，然后随着每一次的蜕皮而逐渐长大。在不同的阶段，幼虫，也就是所谓的若虫，和它的父母一样，在相同的环境下生存，摄取一样的食物，并且就像化蝶之前的蛹一样，内部一直都处于活跃状态。

在这里，我们还要提到一个有趣且不易观察到的现象，其实蚱蜢和蟑螂的变化比描述的那些少多了，因为它们的翅膀只是会出现成熟、翅芽或者是还未长出这几个阶段，这在厨房常见的雌性蟑螂身上就能看到。因此假若在一个有翅膀的家族中出现没有翅膀的例外现象，那就只能用它们的生命进化来解释了，而且这种现象并不只是出现在一个种族身上。我们无法怀疑这些无翼昆虫的祖先是否有翅膀，也不能确定是不是在进化的过程中，整个种族或者是雌性失去了翅膀。但是我们可以肯定的是这些变化是渐进的，并且像这种事情应该发生过很多例。在一些昆虫种族中，我们可以看到，一些是有翅膀的，另一些是无翅膀的；一个有翅膀的母亲可能会生出没有翅膀的后代，而一个没有翅膀的父母也可能会生出拥有完好双翼的幼虫。

这种在单独一代的生命历程中出现的间断性变化迫使我们不得不认识到，昆虫成长的过程中有出现突变的可能性，而且研究已经证明，的确在所有的动物进化中都会出现这种情况。看到这里，你是不是又在感叹，生命实在是太奇妙了？

停歇在花朵上的绿蚱蜢

蟑螂——顽强的“小强”

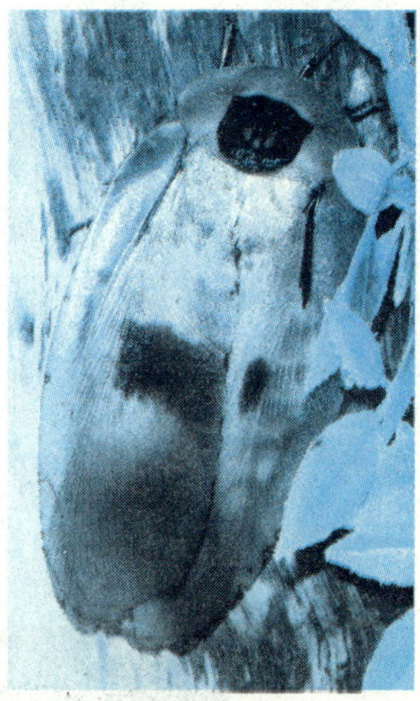

丑陋的蟑螂

生活中，许多人看到蟑螂时会吓得大声惊叫。其实蟑螂并没有我们想的那么恐怖，它只不过容貌丑陋一些而已。它的身体扁平，体色为黑褐色，身材中等，头部较小，可以来回扭动，头部的触角像中国神话故事中的美猴王头上的两个大触角，只不过是缩小版的，此外，它的复眼相当发达。有的蟑螂背部背着一对翅膀，能够飞行，而没有翅膀的蟑螂，爬行的速度是相当快的。

在大部分人的眼中，长相丑陋的蟑螂恶贯满盈，其实我们都误会它了。全世界的蟑螂共有6000多种，但只有50多种是害虫，从这里大家就知道并不是所有的蟑螂都是害虫了。（现在，为了让人们对蟑螂有进一步的了解，伦敦自然历史博物馆的蟑螂专家将蟑螂的信息输进了电脑，向人们公开了世界上全部蟑螂的相关信息，有兴趣的话我们可以去了解一下哦！——编者注）

不仅许多对昆虫感兴趣的人和昆虫学家都在努力了解蟑螂，还有人将它带到世界各地哦！我们都知道，生活中想要彻底消灭蟑螂是非常困难的，因为它的生命力非常顽强，也正因如此，人们将蟑螂称作“打不死的小强”。它不仅难以消灭，而且传播的速度也是非常惊人的。蟑螂为了寻找适合自己生活的条件和环境，会主动进行扩散。当生活的环境温度降低时，它就会主动向温度较高的地方转移，例如家中火炉的缝隙或暖气沟中等地方；但是在酷暑难耐的夏季，它们会躲避到较为凉爽的环境中，逃避高温带来的不适感。

生活在一起的蟑螂

此外，人类也是蟑螂转移的“帮手”。有的人也许会怀疑我的话，但这确实是实情。当我们坐火车时，有可能会将自己家中的蟑螂带到火车上从而让它们可以留在火车上进行繁殖；此外，我们还可能将火车上的蟑螂带下火车，带到不同的地方，这样在无意当中我们就帮助蟑螂完成扩散过程了。大家说，人类是不是蟑螂转移的“助手”呢？

蟑螂虽然让我们非常讨厌和害怕，但是在它身上发生的趣事却有很多。

首先，我们来看看“蟑螂博物馆”。在美国，有着20多年杀虫经验的杀虫专家迈克·博赫丹，在自己经营的专卖杀虫剂的店铺内创办了一个“蟑螂名人纪念博物馆”。他的博物馆内专门收藏穿着表现不同主题衣服的蟑螂。只不过这些蟑螂都已经死了。其中有一只蟑螂非常有趣，它穿着貂皮大衣，在一架小钢琴前面坐着，此蟑螂是在模仿美国著名的钢琴演奏家拉利贝拉切。看到这些可爱的小蟑螂后，是不是就不再害怕和厌恶它了呢？

其次，蟑螂没有脑袋也可以存活。这个看上去非常不可思议，但是蟑螂就是这样一种神奇的昆虫。蟑螂的循环系统是开放式的，而且不需要高压系统。当我们将它的头扭下来时，它的伤口确实会流血，只不过血会以最快的速度凝固。此外，它的呼吸系统并不是鼻腔，而是存在于它每段身体上的气门。再加之它是一种冷血昆虫，饱餐一顿后可以几周不进食，这样就能让它存活很长时间了。

再次，蟑螂虽然长相丑陋，但是中国人却把它当作一剂重要的中草药。这是不是会让你大吃一惊呢？其实它的功效早在中国的经典名著《本草纲目》中就已经有记载了。正是因为它具有中药价值，让很多中国人都选择饲养蟑螂来作为收入的来源。虽然这让人感觉有些恐怖，但蟑螂的生长过程可是非常神奇的哦！

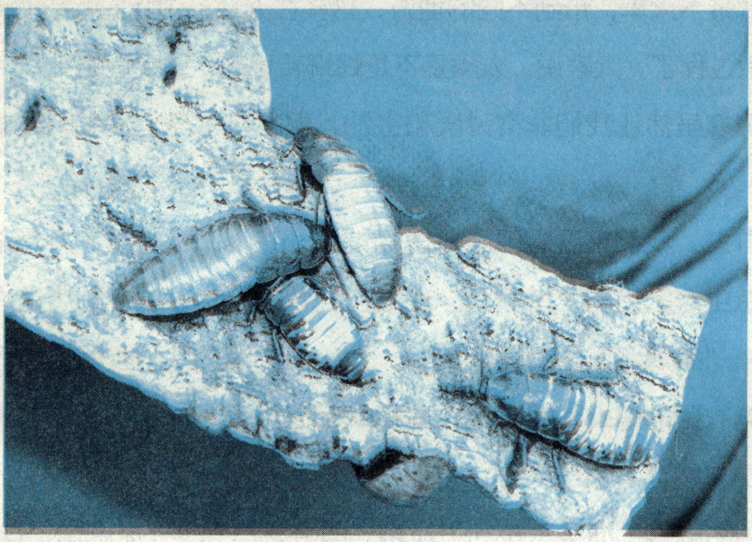

饲养的蟑螂

雄蟑螂一生中可以进行多次交配，而雌蟑螂只需要1～2次，在交配一次之后，它在一生中都可以产卵了，因此蟑螂的繁殖能力是非常强的。雌蟑螂在产卵时，会将卵产在一个特殊的胶质囊中，以此来形成卵鞘。卵鞘是由成虫的分泌物形成的，不仅表面光滑、质地坚硬，还具有很好的防水功效，能保护胚胎健康发育。蟑螂的卵呈窄长的形状，颜色为乳白色，半透明，在卵鞘内整齐地排成两排，胚胎的头部朝向卵鞘的小孔，在孵化过程中，当幼虫长大后就能破鞘而出了。

刚刚孵化出来的幼虫同蟑螂的成虫有很大的不同。刚孵化出来的幼虫称作若虫，这些若虫在孵化出来后会聚集在卵鞘周围，多数为白色，等到颜色变深之后，就会散开活动。这个时候，若虫同成虫的形状就极其相似了，只不过若虫的体形较小，没有翅膀，性器官没有成熟。若虫在变成成虫的过程中，要经过多次脱皮，才能慢慢长大，头部的触角和尾须的节数会随着龄期而不断增长。若虫在最后一次脱皮后会长出翅膀，羽化为成虫，此时的成虫为白色，之后颜色会慢慢加深变成成虫的模样。蟑螂处于若虫的时间较长，一般会在30～420天左右。

蟑螂的寿命较长，最短的在100天左右，长的可以达到1年左右。但也会因为蟑螂的种类、生活环境等有所差异。

蚱蜢——昆虫中的跳跃健将

在农村，每当夏日的晚上一家人坐在大门口聊天时，周围总会有一些昆虫“音乐家”给人们演奏美妙的音乐，让人陶醉其中。当大家热烈讨论时，它们的音乐好像更加高亢了，有一种想要加入其中的感觉。昆虫音乐家可是数不胜数哦！蚱蜢就是其中的一员。

趴在金钟花上面的绿蚱蜢

蚱蜢大家族中最擅长演奏音乐的是雄蚱蜢。它们演奏音乐的一个主要目的是吸引异性，找到和自己志同道合的伴侣，同时告诉其他雄蚱蜢远离此地。它们演奏的音乐甚是美妙，不过利用的“乐器”可是不同的！有些蚱蜢会利用后腿上的尖叉来刮擦前翼的边缘来制造音乐，有些则会利用翅膀相互摩擦来制造音乐。除去这些以外，蚱蜢在飞行的过程中也会演奏音乐呢！一些蚱蜢在飞行的时候，会用翅膀来撞击后腿发出“喳喳”的声音，有些干脆直接拍打翅膀来发出声音。即使蚱蜢在演奏音乐时使用的是同一种“乐器”，但也会制造出各异的音乐，就像音乐演奏家将自己的情感融入其中，演奏出独特的音乐一样。这也就是人们将蚱蜢称作“音乐家”的原因了。

弹奏音乐的蚱蜢

有的人现在可能会问：蚱蜢究竟是什么样子的呢？其实蚱蜢是亚科昆虫的总称，在中国，人们经常见到的是中华蚱蜢。此种蚱蜢，头部较尖，为圆锥形；头上的触角很短，有发达的复眼；蚱蜢的成虫体长在80～100毫米，颜色为绿色或者黄褐色，雄虫的体形较小，雌虫的体形较大。位于前胸背板上的中隆线、侧隆线及腹缘均为淡红色，前面的翅膀为绿色或枯草的颜色，在沿着肘脉的区域有淡红的条纹，或者在中脉的地方长着褐色的纵条纹，后边的翅膀为淡绿色。不仅如此，它长着一对发达的后足，这让它很善于跳跃。

停留在树枝上的蚱蜢

说到跳跃，我相信就连打破世界纪录的跳高健将也会相当羡慕它的。这是因为，这只小小的蚱蜢能轻松跳过相当于自己身高15～20倍的高度，而且在跳跃之前都不需要助跑，你说是不是会让跳高健将羡慕呢？不过话说回来，蚱蜢特殊的身形天生就是为跳跃而生的。它的后足不仅发达，而且还很长，十分有力量。在它的后足的上半部分生长着结实且耐力持久的肌肉，其中不仅存储着惊人的能量，还能让能量在瞬间爆发出来。当它准备跳跃时，就会利用小腿将身体前半部分撑起来，后足呈弯曲状；当它跳跃的时候后足会瞬间绷直，让自己利用这种弹性跳出去。不要认为蚱蜢跳跃的本领很高，走路也会非常快。其实，蚱蜢适合跳跃的后足在走路时就变成了障碍，这就让它走路的姿势看起来非常笨拙。

跳跃能力很强的蚱蜢虽然会让人类羡慕，但同时也会成为一些动物的“眼中钉”。在自然界中，一些动物为了保护自己，会施展各种本领。比如说：当变色龙进入到某个环境中时，为了保护自己，它的体色就会变成同周围环境的颜色极其相似的颜色，这样就很难被天敌发现了。另外，一些动物会自己制造一些有毒的唾液，当遇到袭击的时候，就会将唾液向着天敌喷射过去，以此击退天敌的攻击。说了这么多，那么蚱蜢自我保护的方法是什么呢？其实蚱蜢既不是利用毒液，也不是利用体色的变化来保护自己，而是以吃食一些有臭味的树叶，之后将这些树叶呕吐出来涂抹到自己的身上。这样当蚱蜢的天敌蜥蜴将它吃到嘴巴中后，就会因为这种恶臭的味道将它吐出来，蚱蜢就是利用这种方法虎口脱险的。因此当你偶然看到蜥蜴呕吐的食物中有活生生的蚱蜢时，也不要大惊小怪哦！

蚱蜢保护自身有方法，在繁殖时也非常有趣。蚱蜢一般不会成群迁徙，而是会固定生活在一个地方，主要生活在田边、草丛等地方，食物以禾本植物为主，因此它们是庄稼的天敌。蚱蜢属于不完全变态昆虫，一般会从卵孵化为若虫，从若虫羽化为成虫，值得注意的是它一年只繁殖一次。

蚱蜢的天敌——蜥蜴

在雌雄蚱蜢交配后，雄蚱蜢会在不久后死去，而雌蚱蜢则会大量进食，为产卵补充充足的养分。经过一周的变化，等到雌蚱蜢腹中的卵成熟后，蚱蜢就开始产卵了。蚱蜢对于产卵场所的选择很讲究，一般会选择在地势稍高、杂草丛生、土壤疏松、潮湿的地方。蚱蜢会将卵产在土壤中以此来度过寒冷的冬天。蚱蜢的卵为块状，外边包裹着一层胶囊。等到第二年初夏时，蚱蜢的卵就会孵化成若虫。此时的若虫没有翅膀，但生活方式和外形同成虫并没有什么区别。经过若虫阶段后，蚱蜢就会羽化为成虫了。

螳螂——身带“大刀”

螳螂在是古希腊被人们赋予拥有超自然力量的生物，这主要是因为，当螳螂静止站立或身体优雅地前后摆动，将头抬起来，一对前足向前伸出去时，就好像是在祈祷。不仅如此，近些年来还有人以“螳螂”为名，拍摄了一部电视剧，但是大家可不要认为它是讲述螳螂的哦！其实，它是一部关于文物的电视剧。

静止站立的螳螂

说了这么多关于螳螂的事情，下面我们一起来看看螳螂的模样吧！螳螂的整个身体为长形，一般情况下为绿色、褐色，但是也有些螳螂的身体上有花斑。它的头部为三角形，能够来回转动，头上长着一对眼睛，白天为绿色，到了夜晚就变成了黑色。此外，它还拥有明亮的复眼，头部的触角为细长形，颈部可以自由转动。胸部长着两对翅膀和三对足。在它细长的前胸上长着一对粗壮且为镰刀状的捕捉足，这就是它随身携带的“大刀”。在这对捕捉足的腿节和胫节上长有很多钩状刺，中足和后足没有前足粗壮，主要用来行走。在后足的基部上长着听器，两对翅膀覆盖在背部，前翅为皮质，是覆翅，没有前缘部分，后翅为膜翅，臀域较为发达，为扇形。在静止不动时，两翅交叠于背上。此外，螳螂的腹部较为肥硕。

螳螂和它的卵

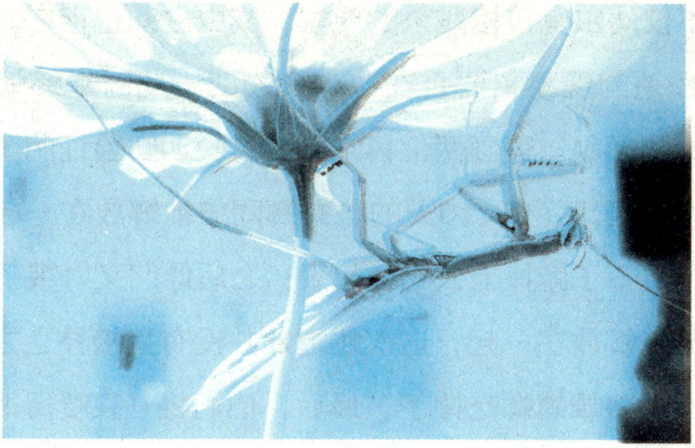

趴在花朵上的螳螂

螳螂的模样虽然看上去非常吓人，但是一些花园或果园的园丁非常喜欢它们。因为螳螂能够帮助他们消灭很大一部分害虫，这样就能避免使用农药了。所以在一些园艺商店内，我们可以找到螳螂所产的卵块。

说到了卵块，我们就先来看看螳螂是怎么产卵的，螳螂产卵的方式较为特别，在雌雄交配后，雌螳螂一般会将雄螳螂吃掉，雌螳螂产卵的地方既不是地面上，也不是植物的茎内，而是在植物的表面。在成功交配两天后，雌螳螂就会选择合适的树枝，然后头部向下，从腹部先喷射出一些泡沫物质，之后会将卵按照一定顺序产在这些物质上，很快这些泡沫物质就会凝结，变成非常坚硬的卵鞘。之后，所产的卵就在卵鞘内度过寒冷的冬天，等到第二年初夏，就会从卵鞘内孵化出很多螳螂的若虫，这些若虫没有翅膀，形状同成虫类似，不过这些若虫在孵化出来时会发生自相残杀的现象，留下的若虫经过3～12次的脱皮，蜕变形成为成虫。在脱皮时螳螂身体的颜色会变浅，甚至为白色，等到脱皮后逐渐变成原来的颜色。

螳螂不仅幼虫有自相残杀的现象，成虫之间也存在。成虫之间发生互相残杀的现象主要是在缺少食物时，此时螳螂就会有大吃小、雌吃雄的现象。美国两位科学家经过长期实验证明了这一点。他们将两个已经饿了5～10天的雌螳螂同雄螳螂放在一起，雌螳螂看到雄螳螂一下子就扑上去吃了起来；之后他们又将饿了4～5天的雌螳螂同雄螳螂放在一起，这次雌螳螂并没有直接扑上去，而是在交配的过程中将雄螳螂吃掉了；最后，他们将一只喂得很饱的雌螳螂同雄螳螂放在一起，雌螳螂在交配完成后并没有吃掉雄螳螂，从这我们就可以得出，在自然界中，雌螳螂并不一定都能吃饱，当在饥饿状态下交配时，雌螳螂必然会吃掉雄螳螂。葡萄牙专家通过对螳螂吃夫现象的观察发现，在自然界中，只有31%的螳螂在交配时会发生吃夫现象。

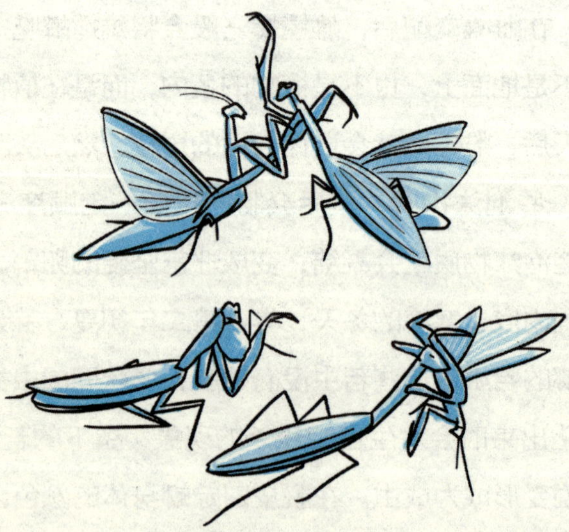

互相残杀的螳螂

虽然螳螂因为吃夫的现象而臭名远扬，但是它们还是逃不开天敌的追捕。不过螳螂有自我保护的办法，它的保护方法非常简单，那就是保护色。这种保护色不仅能让它成功地躲避天敌，还能让它在接近猎物时不易被对方觉察到而成功地捕获猎物。在捕获猎物时，螳螂非常迅速，用时只有0.01秒，之后就用它那如大刀般且带钩的前足牢牢地衔住猎物，开始慢慢享受这些活的猎物了。

吃食的螳螂

3

第3章 有趣的吸吮性昆虫

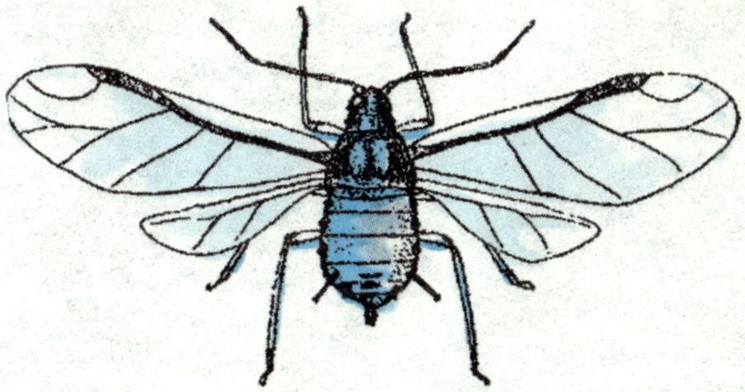

趴在叶子上面的绿色臭虫

蝉的蛹壳

一只臭虫即将被鸟吃掉

前面一章讲了那么多理论知识，现在我们也该讲一些有趣的例子了。在前一章的结尾，我们提到了，同一个物种在年复一年的生命周期中，它们的后代会出现有翅膀和没有翅膀的不同情况。

生活在嫩枝上的蚜虫

我们常见的蟑螂和蚱蜢都属于直翅目，它们有着坚固的前翅，可以咀嚼的口器，在生命历程中它们的形态并没有多大的变化。与它们相反的半翅类昆虫，它们的口部与直翅目昆虫有着很大的不同，如臭虫、黾蝽、蝉、蚜虫、蚧虫等等，它们有着细长而有沟槽的唇，像鸟喙一样从头部伸了出来，来回地用像针一样的细长下颚，在叶子上或动物身上吸吮，它们就是用这种方式来吸取血液和汁液等食物，以维持自身的生存。在很多半翅类昆虫中，如不同种类的臭虫就既是水生的又是陆生的，它们的生命历程也像蟑螂一样简单，例如其中的蚜虫就可以很好地说明它们后代的演变过程。

趴在树上准备吸食汁液的蝉

蚜虫——繁殖最快的昆虫

J.B.史密斯和E.D.桑德森已经发现栖息在苹果树上的蚜虫是如何延续生命的。我们会发现，到了深秋，在干枯的叶子上会有很多一对对的小蚜虫。它们在进行完交配之后，雌性的蚜虫会在树枝上产下大而光滑的黑卵；这些小卵可以平安地度过寒冬，而春天一旦到来，当干枯的树上吐出嫩芽的时候，这些小卵就孵化出来啦！这些小小的昆虫经过一系列的蜕变——也许这些变化并不是显而易见的——都会变成没有翅膀的“干母”，而它们比秋天产下卵的雌性蚜虫还要大！

这些“干母”有着其他动物所没有的强大力量，虽然这与其他昆虫或者是它的盟友相比并不稀奇——它们并不需要和雄性交配就能繁殖！它们能产下大量幼仔，然后以胎生的形式将它们生下来。从春天一直持续到整个夏天，这些不需要交配的干母能连续产下几代幼虫，而且这些幼虫的生长发育极快，几乎在一个星期之内就能完成蜕变过程。

以这种方式，蚜虫的数量以无法想象的速度增长着，不久我们就会发现，在这数量庞大的昆虫家族中，有一些蚜虫的身上居然像蟑螂的幼虫一样，也露出了小小的翅芽。接着一代有翅膀的蚜虫产生了，而长大不久的它们便很快飞到了其他树木上。我们可以理解，对于早一代的蚜虫们，它们无需长出可以飞行的翅膀，因为那里有足够的空间和食物使它们生存，但是一旦蚜虫的数量过多，也许长出翅膀飞到其他地方，对它们的家族来说是一件很有利的事情吧！

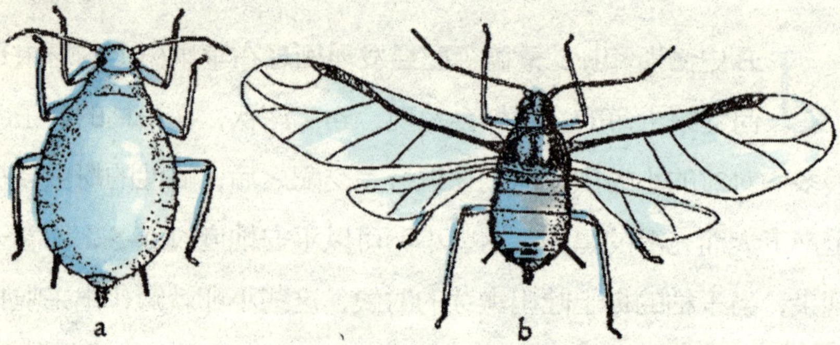

a.没有翅膀的蚜虫，b.有翅膀的蚜虫

我们将蚜虫这种不需要交配就可以繁殖后代的方式叫作孤雌生殖。通过这种方式“干母”生育了一代又一代有翅膀或没翅膀的雌性蚜虫，眼看一个强大的女性帝国就这样建立起来了。然而有趣的是，当夏日的炎热慢慢退去，秋天渐渐到来之际，蚜虫们的繁殖速度也渐渐降了下来。一直到了深秋，它们的生存条件已经非常令人绝望了。

眼看蚜虫帝国就这样走向灭亡了，但是这时奇迹再次发生了，就在最后一窝的幼虫之中，我们发现，居然既有雌性蚜虫又有雄性蚜虫！而后便出现了前面提到的雌雄性蚜虫进行交配，产卵越冬的那一幕……

然而在这其中还有一些有趣的发现，比如在最后一窝既有雄性又有雌性的蚜虫中，它们大多都是有翅膀的，而且同一个种族的蚜虫可能会产生不同的适合于在各种树木上面生活的蚜虫，或者是在同一种树木上也可能会出现不同种类的蚜虫。但是与其他昆虫相比，蚜虫的生命历程有3个特征：干母的繁殖是有规律的，它们产出的常常是雌性蚜虫。有翅膀的蚜虫产出的后代往往是没有翅膀的，有翅膀的蚜虫往往是由没有翅膀的蚜虫产出的。而且和蟑螂一样，蚜虫的翅膀也是由露在外面的翅芽发育而成的。

介壳虫——分泌蜡质的昆虫

你知道什么是介壳虫吗？如果你常去田野和林间活动，那你肯定一眼就能认出它！介壳虫是一种不太爱活动的昆虫，它常常固定在一个地方之后，便不再随便移动。但也有一些种类的介

介壳虫和被它咬噬的树叶

壳虫，比如蜡蚧和粉蚧等固定在树木上后，可以在四周进行小范围的活动，但活动的距离也十分有限，它们既不能像蚱蜢一样跳来跳去，也不能像蝉一样从一棵树上飞到另一棵树上。也许这时你会说，介壳虫这么不爱活动，那怎么又会让园丁厌恶不已呢？

我想说的是，它当然会让园丁厌恶了，如果介壳虫真就这么呆在一个地方不动，那确实我们也就没什么可说了，但问题是，它也会传播！当然，介壳虫的传播主要依靠的是外力。比如一阵大风吹来，小小的介壳虫就很有可能从这棵树上被带到那棵树上，尽管它是那么的不爱动！这是风吹的！它也没有办法！而栖息于河流两岸植物上的介壳虫，很有可能会随着落叶掉进河水之中，这样的话，借助着水的力量，它就会从这个地方被送到那个地方。同时介壳虫的敌人，如草蛉和瓢虫等，也是介壳虫的传播者。比如它们在取食介壳虫的时候，就

介壳虫的传播者之一——瓢虫

会不小心将介壳虫的卵或若虫带到其他地方。除了这些，我们的人类活动更是介壳虫传播的主要方式，当农民在田间辛勤劳作，或者是进行各种形式的农事操作时，就会使依附在庄稼上面的介壳虫大肆蔓延。另外你还想不到，交通工具的发展和经济的全球化也会促进介壳虫的传播吧？这里有一个很好的例子就能说明，有一种叫吹绵蚧的介壳虫，它的家乡本来是在遥远的澳洲，但是随着我们人类活动，它现在是已经蔓延到世界各地了！

说了这么多，现在就让我们来了解一下这类昆虫生命变化的特征吧！同样，我们还是先拿幼虫和成虫作对比，首先从身体结构上看，刚刚孵化出来的幼虫与它们的父母有着显著的差异。介壳虫的幼虫有着扁圆的身子，完好的腿和触须，经常在灌木的树叶或树皮上四处乱窜。它们将长长的口器刺进里面，以从下面的软组织中获取食物。介壳虫有一项特异功能，那就是分泌蜡质物，然后覆盖在虫体上，形成

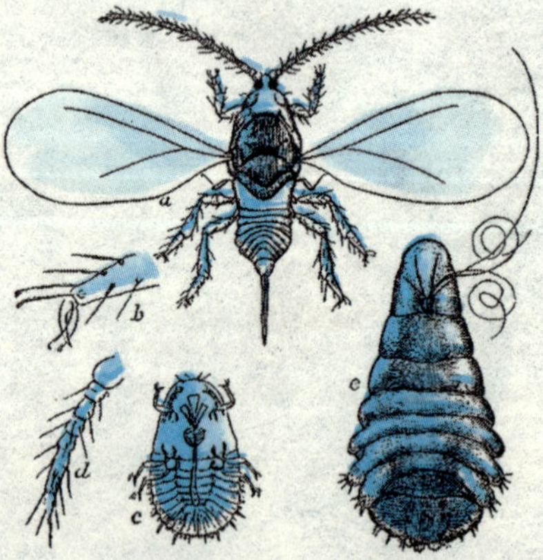

a.雄性介壳虫，b.雄性介壳虫的腿，c.介壳虫幼虫，d.幼虫的触须，e.雌虫的腹部图

外面的介壳！另外雌性的介壳虫和雄性的介壳虫有很大的不同，雌性的介壳虫没有腿和触须，并且一直不会长翅膀，直到最后变成一个呆滞的卵袋。而雄性的介壳虫在进入第二个阶段后，虽然不会长出实用性的腿，但是在表皮上却出现了腿芽和翅芽。而到了倒数第二个阶段，就像蝴蝶的蛹一样，在它的表皮上翅芽便明显显露出来了。可惜的是尽管雄性的介壳虫长了翅膀，比起雌性来也相对活跃，但是它存活的时间却十分短暂。

蝉——漫长的地下工作者

说起蝉，就先给大家讲一件令蝉类家族光荣无比的事情，有一种蝉获得了“世界上最长寿的昆虫”的称号，你知道它是谁吗？它就是生活在北美洲的十七年蝉！从名字上就可以看出它的寿命到底有多长了。可是这个寿命并不是指它变成成虫之后的存活时间，而是指它要在地下蛰伏十七年！

草丛中的蝉

和前面介绍的蚜虫同属一个系的蝉，虽然不能作为生物界的代表，但是在比较温暖的地带却都可以看到。所以，我想你对它一定不会陌生吧？蝉的幼虫和父母也有着很大的差别，别看在炎炎夏日里傲慢的蝉可以趴在树上高声歌唱，它的幼虫可是一直生活在地下，持续多年以后，幼虫开始用强有力的前爪刨着土壤。然后经过一段漫长的地下工作，接下来，才会到达它们生命中的第二个阶段，即蝉蛹阶段。而这个阶段同样烦闷无比，它们只能老老实实地待在一个壳里，等待着自己的最后一次蜕变，以迎来自己完美有翅的状态。看到这些恐怕你可以理解，为什么蝉一直会叫嚷个不停了吧？因为它在破壳之前生活得实在是太苦太烦闷了！

说到这里，恐怕你还不知道，其实只有雄性蝉才会唱歌。在雄蝉的腹肌部长着一个发音器，它就像蒙着鼓膜的一面鼓，受到震动时就会发出响亮的声音。但是遗憾的是雌蝉却没有这个构造，所以即使它再烦闷，也无法用声音来解愁了！另外，雄蝉很多时候叫个不停，其实是引诱雌蝉过来交配的。而且如果从一大早开始，蝉就在树端上叫个不停，那它是在告诉我们：今天的天气一定很热。

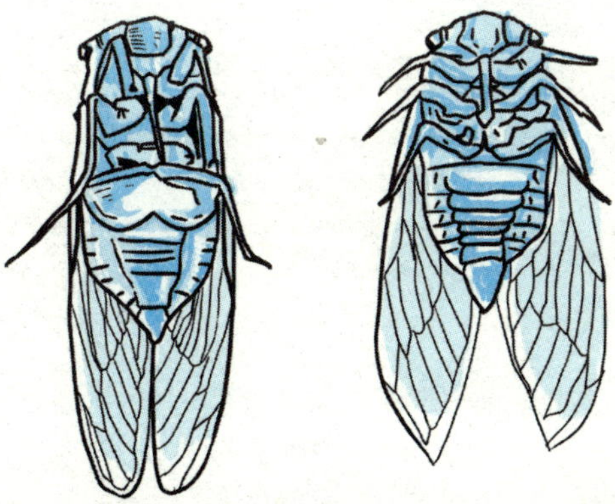

雄蝉和雌蝉（左边的是雄蝉，右边的是雌蝉）

当蝉蛹的背部出现裂缝时，它也就迎来了自己最后一次的蜕变，而后它便开始一点点地从蛹壳虫解脱出来。当它的上半部分完全自由之后，它便会倒挂着展开两个翅膀。在这个时候，蝉的双翅十分薄弱，假如有一点的干扰，都有可能造成残废，使它一生都不能飞行。

介绍完介壳虫和蝉的生命历程，你是不是又想到了毛毛虫破茧为蝶的一些特点？那现在就让我们来总结一下吧！其实从形态上看去，才孵化出来的这些幼虫与它们的父母实在是太不相同了，它们每个都只是一只小小的幼虫！然而在倒数第二个龄期中，也就是到了蛹的阶段，它们看上去似乎又是静止的，也不用摄取食物。但是不同的是，毛毛虫的身上却没有任何长翅膀的迹象，而在介壳虫的身上却可以看到翅芽。而且在幼虫的后期，我们还会发现雄性的介壳虫身上有隐藏的翅芽，而它与毛毛虫的差异，我们将会在后面介绍。

跳蚤——跳高健将

在生物学上有一种实验叫作“跳蚤效应”，这个实验就是生物学家通过观察跳蚤而作的实验。那么大家是否真正的理解该实验所表达的意义呢？它又是如何因“蚤”而起的？下面我们就为大家来详细地介绍一下这位爱跳的朋友吧！

我们先来为大家讲解一下跳蚤！跳蚤是一种寄生虫，它又被叫作虼蚤。一般情况下，成虫的跳蚤都在哺乳动物身上生活，只有少部分跳蚤寄生在鸟类身上。跳蚤的触角粗而短，它长着一个非常锋利的嘴，可以用来吸吮。它的后腿很发达。这类昆虫属于完全变态型昆虫。它们的幼虫没有脚，都呈圆柱形，主要以成虫的血便和有机物为食。成虫的跳蚤体型非常小，没有翅膀，它们的身体呈扁形，但是却很坚硬。

放大后的跳蚤

由于跳蚤身上长着很多坚硬的毛，因此可以有利于它们寄生在昆虫的毛内。跳蚤还有一个很特别的地方，就是它的外壳非常坚硬，可以承受比自己体重大90倍的重量！跳蚤还有两条强壮的后腿，所以它们都擅长跳高。

跳蚤通常跳到宿主身上后就不舍得离开，往往在两天后就开始排卵。一般情况下，雌性跳蚤把卵产在灰尘的角落中、墙壁及地板的小洞中，有时也产在昆虫的身上。这些卵大都呈白色，没有脚，它们大约在4～5天就可以孵化出幼虫，这些幼虫以灰尘中的有机物质和跳蚤的粪便作为食物。在两周后就吐丝和灰尘黏结成茧并在里面化蛹，再过两周，这些跳蚤就可以脱茧而出了。假如跳蚤遇到昆虫的话，那么它们就会立刻展现出“吸血鬼”的本性。

由于生物学家对跳蚤产生了浓厚的兴趣，因此他们做了一个实验叫作“跳蚤效应”。生物学家把一只跳蚤放到玻璃杯中，结果这只跳蚤轻而易举地就跳了出来。他就再次把跳蚤放进去，并把杯子盖好，结果跳蚤不停地向上跳，碰了无数次壁。最后，这只跳蚤学聪明了，它开始按照杯子的高度来调整自己所跳的高度。在一周以后，生物学家把杯子盖取下来，结果这只跳蚤再也跳不出杯子了。

这个实验说明的道理很简单，跳蚤改变了自己所跳的高度，而去适应了杯子的高度，结果却跳不出杯子了。当然，这也说明一个道理，在生活中有很多人不敢去追求自己的梦想，其实并不是他们做不到，而是因为他们心中已经给自己定了一个默认的目标，由于他们一直被这个目标所局限着，因此他们就永远都达不到自己想要的结果。

虱子——吸血寄生虫

想必大家对虱子并不是很陌生！那么大家是否想对它有更深入的了解呢？虱子是一种寄生在昆虫身上以吸血为生的寄生虫，人和昆虫接触多了，自然而然就会染上虱子。

虱子属于渐变态的寄生虫，先从卵孵化成若虫，再从若虫发育成成虫。一般情况下，虱子的卵都呈白色椭圆形，看起来特别小，又被称为“虮子”。这些卵都黏附在毛发或纤维上，而且卵上留有小气孔，若虫从卵盖处孵化出来，刚孵化出来的若虫和成虫都很相似，只是比成虫小，若虫的腹部比较短，此时若虫的生殖器官也没有发育成熟，它们要经过3次蜕皮才会蜕变成成虫。

以上我们已经把虱子的种类概括了一下，那么接下来我们就来了解一下虱子的生活习性吧！虱子已经完全适应了宿主体表的环境，而且它们对寄生环境的要求也比较稳定，它们喜欢在生活在黑暗的环境中，一般都过着群居的生活。

虱子的若虫和成虫都嗜好吸血，主要以吸人血为主。虱子的弱点就是不能忍受饥饿，假如它们吸不到血的话，它们最多只能活10天。这就体现了它们那“吸血鬼”的本性。并且虱子对温度和湿度也非常敏感，它们既怕冷又怕潮。寄生于人体的虱子只能适应正常人体表的温度和湿度。一般情况下，虱子是不会离开人体的，一旦离开人体，它们不超过两天就会死亡。

寄生在人身上的虱子有时把卵产在寄主的耳朵后面，有时也产在发根的各个部位，有时也会把卵产在衣裤的织物纤维上。虱子的成虫和若虫终生在寄生主体上吸血。它们不仅吸血危害寄主，而且还使寄主感到过分瘙痒，严重的还可传染一些疾病。

在一般情况下，虱子的寿命大约在6周左右，每一只雌性虱子每天可以产10个卵，虱子的卵可以牢固地粘在人和昆虫体的毛发或衣服上，这些卵在人和昆虫身体上，经过8天时间就可以孵化成幼虫，再经过两三周的时间，它们就可以蜕变成成虫。当然，不同种类的虱子所产卵的数量以及发育时间也是不同的。一般雄性虱子都比雌性虱子的寿命短。

4

第4章

从水中到空中的昆虫

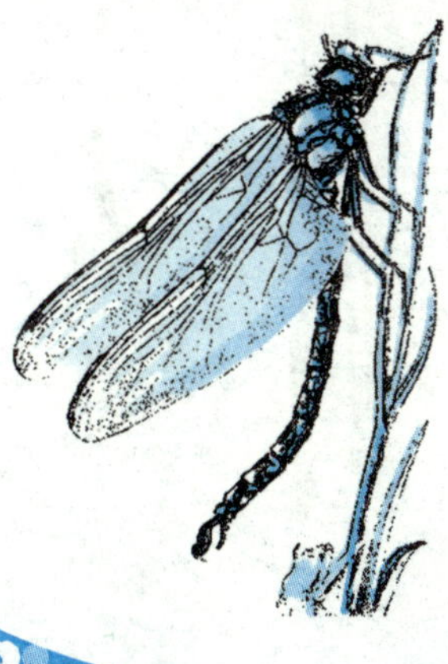

伪装的蜻蜓

趴在枯叶上的红甲虫

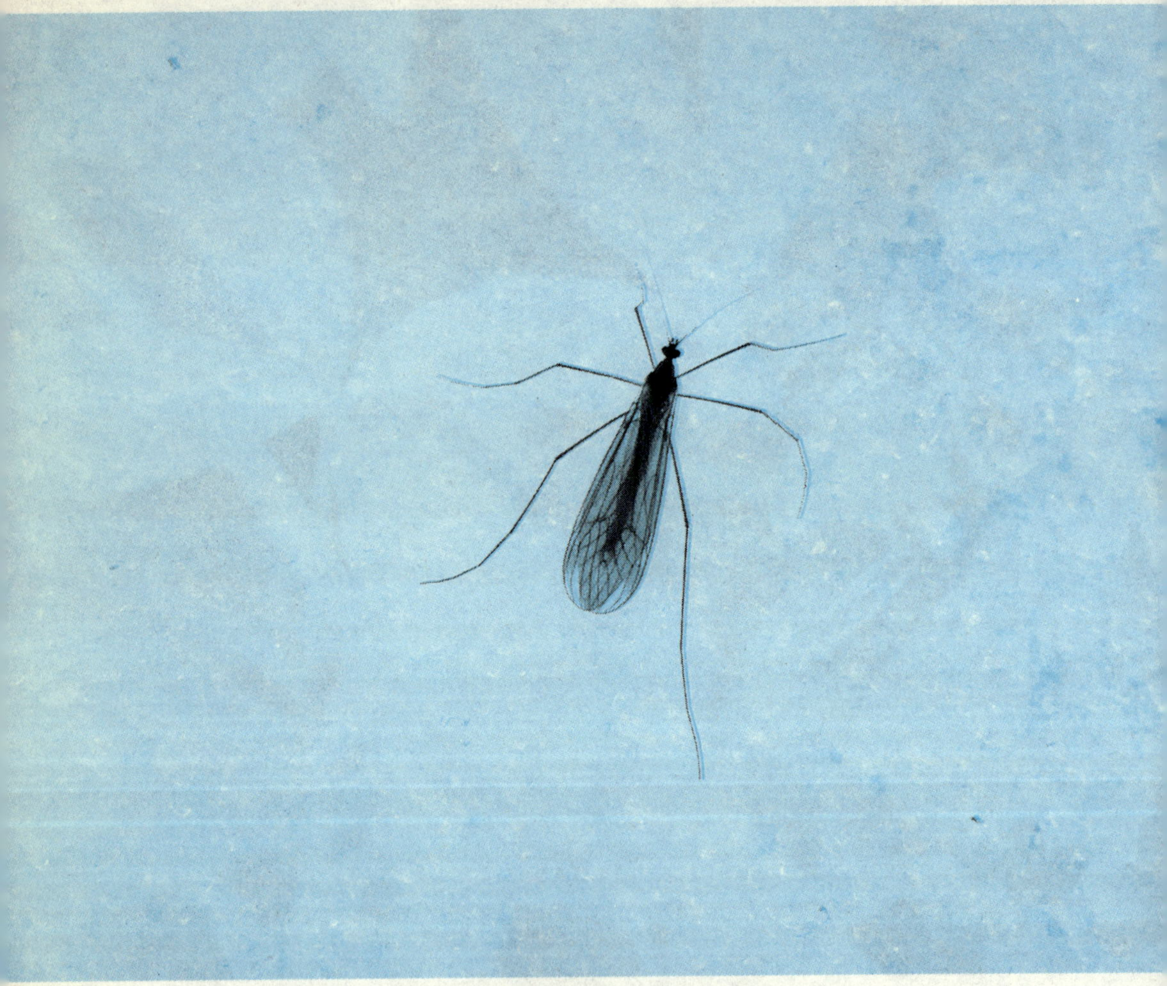

冬天躲在屋内一角的蚊子

你知道吗？很多昆虫既可以在陆上生存，又可以在空中飞行。这些并不仅仅是因为大部分昆虫都有翅膀，而是与我们之前提到的呼吸方式有关。分支气管系统将带有氧气的空气运送到它们体内的组织上，这样空气才得以通过全身的气孔或气门进入到全身的导管之中，持续不断地供应到身上的各个部分。

然而我们有一个有趣的发现，很多昆虫大多情况下生活在水中，其中包括不少有完好的翅膀的昆虫。例如一些水生甲虫和水生臭虫，它们既可以很好地在水中保护自己的气门，同时还拥有飞行的能力。既可以下水，又可以上天，简直太神奇啦！但是还有一些昆虫，它们是直到完成最后一次蜕变、长出翅膀之前，都一直生活在水中，而后才开始一直在空中活动。也就是说，这种昆虫的预备龄期是水生的，而成熟龄期又是在空中生活的。像所有的蜉蝣类、蜻蜓类、石蛾类昆虫以及一些甲壳虫、双翼昆虫和少数飞蛾等，都属于这类昆虫，我们将它们叫作半水生类昆虫。

漂亮的飞蛾

趴在墙上的飞蛾

在这种情况下，很多在水中生存的昆虫幼虫，都有能使它们从水面上获得新鲜空气的器官，但是像石蝇、蜻蜓、蜉蝣等更能适应水中的生活，因为它们可以通过像鳃一样的东西，呼吸溶在水中的空气。

石蝇——利于水净化的昆虫

可能提到石蝇，大家并不是特别熟悉，石蝇也被叫作石蝼，有着灰、黑或褐色的身体，与它周围的环境十分相称。尽管石蝇有着发达的双翅，但事实上它并不擅长飞行。石蝇的成虫基本上不吃食物，只有少数一部分可能会对农作物和果树造成危害。但是它的幼虫就不是如此了，石蝇幼虫基本上生活在水中，像蚊子的幼虫、小型动物以及藻类和植物的碎片等，都是它的食物。总体上来说，石蝇幼虫对保持生态平衡和水体的净化都十分有益呢！但是它同样也是其他动物的腹中之餐，比如有一种珍稀的鱼类，专门就以它为食呢！

生活在水中的石蝇幼虫在外形上和成虫并没有多大的区别，这样似乎我们称它们为幼虫有些不太合适。它们的生命历程就像蟑螂一样，只是在最后一个龄期有所区别。除了在最后一个龄期的有翼成虫外，它们都生活在水中。这个巨大的种族中的幼虫，比如石蝇的幼虫和成虫一样，有着很好的甲壳表皮，宽宽的头，强有力的腿，长长的触须和尾须，在最后的水生阶段，它的体外会长出翅膀。但是此时它也是完全生活在水下，经常在河床及溪流边的石头上依附着爬动。由于它的胸部腹鳍上有6对簇状的鳃，因此在任何地方，它都可以呼吸溶解在水中的空气。

像石蝇幼虫这类昆虫，长期栖息在水中，无法接触到外面的空气，也不能通过身上的气门来呼吸。而且在水中生活的石蝇幼虫的气门一直都是关闭的，它们只能通过气管系统来进行呼吸。因为它的气管主干道与鳃丝相通，这样通过表皮也就能和外界进行气体交换了。而当石蝇的蛹完全发育成熟以后，它就会从水中爬到一个距离自己比较近的高地。接着你会看到，它的表皮就会从背部裂开，裹在里面的有着柔软灵活身躯的成虫，慢慢地爬了出来。而此时它们身上的气门也打开了，石蝇也可以像其他会飞的昆虫一样进行呼吸了。但在它的胸腔下面我们依然能够看到它在水中生活时所留下的痕迹。

蜻蜓——眼睛最多的昆虫

你知道吗？在这个世界上，蜻蜓可是眼睛最多的昆虫！它的眼睛简直太大了，圆圆鼓鼓地占据了多半个头。蜻蜓的每只眼睛中还有无数的“小眼”，这些“小眼”与神经及感光细胞相连

蜻蜓的大眼睛

接，能很好地分辨出物体的大小与形状。蜻蜓不仅眼睛大，而且视力也很好，它不需要转头就可以看清上下前后的景物。不仅如此，它的眼睛还有一项超能力——测速度！当移动的物体出现在它的眼前时，它的每一只“小眼”就会作出相应反应，然后经过一系列的加工，它就可以估计出物体的运动速度了，也正因为此，蜻蜓成为了当之无愧的捕虫高手。

说到蜻蜓的捕虫本领，我们常常都会看到，蜻蜓很擅长用这种方法来捕捉猎物——苍蝇和其他小昆虫——它张开翅膀，就像老鹰一样猛冲下去，然后狼吞虎咽地将猎物吞进口中。它头上的球状复眼大而醒目，那短而硬的触须轻轻摆动着，它那强壮的上颚撕咬着猎物的身体，它那平展的双翅上，映着坚固而又透明的纹理。恐怕你不知道，在蜻蜓的每只脚上，都长有尖锐而细小的硬刺，当前方出现可以捕捉的食物时，它会马上向前伸开自己的6只脚，而后这6只脚就会合拢成一个小笼子，而傻傻的猎物也就不知不觉地被套进笼子中了！

可能大家还有一个疑问：为什么蜻蜓会用尾巴点水？每当炎热的夏季，我们常常会看到很多蜻蜓用尾巴在水面上点来点去，你可千万不要以为它这是在戏水，或者是天太热了想洗个澡，更不是口渴了想喝点水！其实它这是在产卵！雌性蜻蜓在进行过交配之后，就会将卵产在水中。有时候它会将卵产在比较安全的水草上，有时候它会将卵产在低于池塘水面的泥土中。

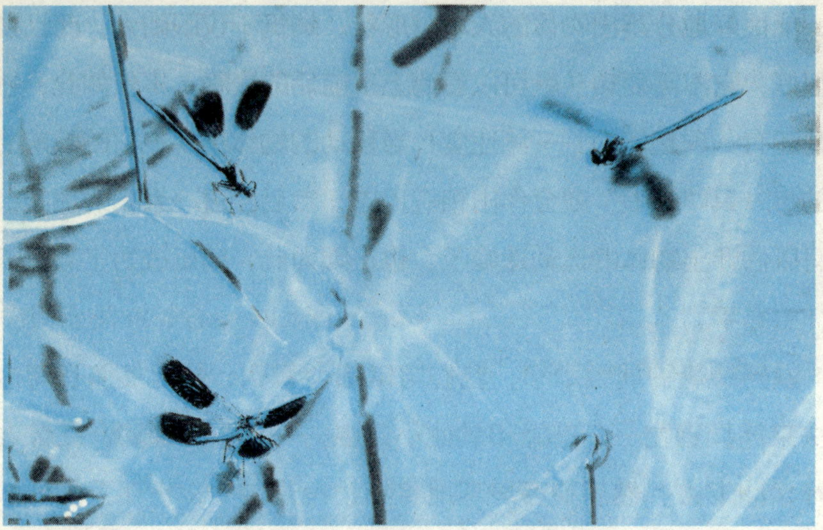

停在水草上准备产卵的蓝蜻蜓

从卵中孵化出来的幼虫与它的父母在很多方面都存在不同，但是它们却有着一样的食性，只不过幼虫的行动比较呆滞，只能在池塘底部寻找猎物。通常它们的身体颜色和周围植被和沉淀物极其一致。同样，幼虫也没有成虫那特有的细长的腹部，相比较而言，幼虫的腹部比较粗短。而幼虫的头部则和成虫一样都有着短短的触须，大大的眼睛，只不过比起成虫那圆圆的大眼睛来说，就显得有一点小了。

另外，你还听说过吗？蜻蜓的幼虫还具有成虫所没有的“面具”！它是幼虫的第3对口器的一个融合体，而且这个面具实在是太大了，在不用的时候呢，它就会被藏在头部和喉部的下面；当用的时候呢，它就会猛然伸出来将粗心的昆虫拿下。蜻蜓幼虫一般靠腹部的游动或从后肠中排水来走动，而利用直肠内的鳃它就可以进行呼吸了！在幼虫的尾部长着像树叶一样的鳃片，鳃片的表面分布着无数的气管网。这些鳃片有时可以做助推器，以为它的水中生活提供充足的气体，但是偶尔水中的空气太少或太污浊之时，它的尾部就会排出腹中的水，进而空气也就直接进入肠道了。

这些幼虫要在水中生活上1年以上的时间，而要发育成成虫则要经过10～14次的蜕皮！随着幼虫的不断增长和一次次的蜕皮，它的翅芽也逐渐显现出来，而后便开始快速地长大。随着最后一次蜕皮的到来，它会冲破身体前部的外壳，从水中爬了出来。为了迎接这一完美状态的到来，它早就为转变自己的呼吸方式做好了准备。

从头到尾，蛹壳的背部裂开了一条缝，渐渐地成虫的头和胸膛从里面挣脱了出来，接着它的几条腿抱住蛹壳，腹部又从里面抽了出来。经过短暂的休息，新生的飞虫爬到了高高的水草上，再过几个小时之后，它的腹部向背部弯曲，这样就为它的翅膀硬化和变得平整提供了充足的空间。才蜕变完的蜻蜓颜色苍白而灰暗，不像已经发育成熟的蜻蜓那样看起来鲜活明亮。不过这样招人喜欢的蜻蜓，并不能像它的幼虫那样长命。几周之后，或者是最多几个月之后，美丽的蜻蜓进行完交配产卵，便会在冬天来临之前死去。

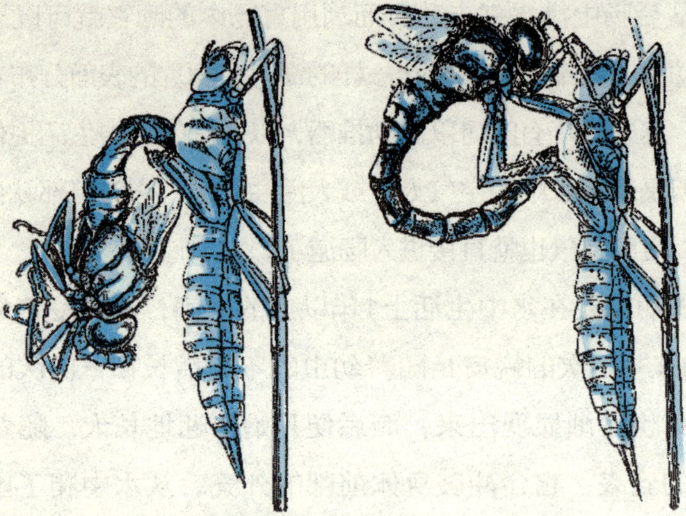

蜻蜓在蛹阶段的蜕皮

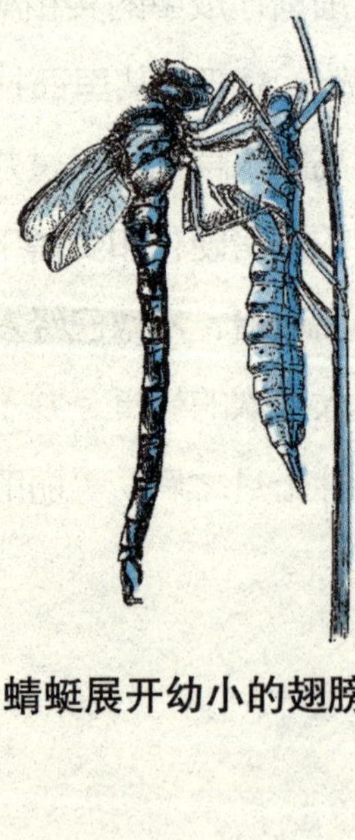

蜻蜓展开幼小的翅膀

蜻蜓的翅膀发育成熟并完全展开

蜉蝣——生命最短的昆虫

趴在玻璃上面的蜉蝣

你知道有一种“朝生暮死”的昆虫吗？它有着漂亮的外形，柔软的体壁，发达的复眼，以及美丽的翅膀。尽管存活到了现在，可是它仍旧保留着古老而特殊的性状，是少见的原始有翅昆虫呢！既然说到蜉蝣，就不得不提起“婚飞”，那是一种十分壮观的场面。一般在每年的春夏之交，大量的蜉蝣会羽化成成虫，然后它们便在水上进行婚飞交尾。这些短命的昆虫，在经历了几年的水中生活之后，交尾完毕之后，便会迅速死去，而它的卵便会沉入水底，从而有了下一代的出生。

蜉蝣像蜻蜓一样，也要经历相同的生命历程，但是它们却存在一些潜在的不同。我们在前面提到过，成熟的蜉蝣是一种美丽的昆虫，它的头上有着精致的复眼，触须很短，因为口器已经退化，所以不能进食。但是它的幼虫却是一种很粗鲁的昆虫，它有着大大的头部和发育良好的口器，因为它们要在水中生活1～2年，所以多以吞食水草和弱小的生物来维持生存。蜉蝣幼虫通过布满分支气管的线状或片状的鳃来呼吸，从某种程度上来说，跟蜻蜓幼虫的呼吸方式多少有些相似。但是在一些蜉蝣中，连串的鳃成对地分布在腹段两侧。幼虫和成虫一致的地方是，在它们的腹部末端都有一对长长的尾须。而且我们发现，多种蜉蝣的成虫和幼虫除了尾须以外都会长有尾丝，但其中也有一些幼虫的尾丝在后期才会长出。在蜉蝣幼虫漫长的一生中，要经历多次蜕皮，其中有一种蜉蝣要有二十多次的蜕皮才能变成成虫。当羽化的时刻就要到来时，大批的蜉蝣蛹虫便会离开水中，这种壮观的景象在书中早就描述过。同时蜉蝣还是鲑鱼喜爱的食物，尤其是在蜉蝣羽化之时，可以招来大批的鲑鱼，这时它们便可以好好美餐一顿啦！

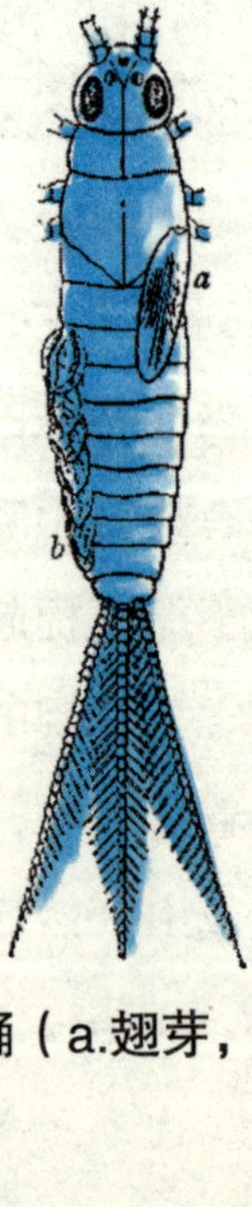

蜉蝣的蛹（a.翅芽，b.鳃）

随着蛹的表皮的破开，从里面爬出了一只有翼的昆虫！但这却不是它的最终状态，蜉蝣不同于其他昆虫，它会在接下来的一次蜕皮后长出可以飞行的翅膀。昆虫从蛹中破皮而出的这个龄期，只是一个亚成虫阶段，它看上去颜色灰暗，在很多方面都不成熟。但在几小时之后，就会进行最后一次的蜕皮，从裹得严严实实的表皮中，一个真的成虫就出来了。接着，在平静的水面上我们就看到了翩翩起舞的蜉蝣成虫，然后经过交配、产卵，很快就死去了。你想不到，经过了漫长的水生生活而转变成有翼蜉蝣的成虫，却会在一夜之间，最多不超过几天，就这样迅速死去了，因此也被人们称作“朝生暮死”。

在蜉蝣成长的过程中，我们注意到不仅在幼虫和成虫的身体结构上有巨大的区别，而且它们的生活习性也很不相同。这些现象在比较高级的昆虫身上也可以发现——它们的进食活动充满整个幼虫和蛹阶段，但发育完全的有翼成虫却不再摄取食物，而是将所有的精力都放在繁殖下一代上。因此，它们的生命历程被分为漫长的进食阶段和短暂的繁殖阶段，随后我们就会发现，它们一般经过进食阶段后就会转换到下一个阶段。并且蜉蝣和蜻蜓就是很好的例子。但与其他昆虫的成长历程相比，蜉蝣的亚成虫龄期有着显著的不同。这些飞行类昆虫的水生幼虫让我们联想到了蟑螂。它所有的幼虫和蛹阶段，都处于活跃状态，而且在最后一次的蜕变之前，我们就能在外面看到翅芽了。

豆娘——水中的乞讨者

提到豆娘，大家总会不自然地想起蜻蜓，毫无质疑，豆娘的确和蜻蜓长得很像。即使两个物种再相像，但总归有差异之处。实际上，豆娘和蜻蜓有很多不同之处，为了不让大家把豆娘误认为是蜻蜓，我们就为大家详细地介绍一下二者之间的区别。

蜻蜓的眼睛大都是紧密相连或有一小段距离，而豆娘的双眼则分开很大的距离；蜻蜓的前后翅膀形状大小差异都很大，而豆娘的翅膀在形状大小方面却相差很小；蜻蜓的腹部平而粗，而豆娘的腹部则细而圆；蜻蜓静止不动时，会把翅膀在身体的两侧展开，而豆娘在静止时，则会合起翅膀直立在背上；蜻蜓的胸部肌肉不仅发达而且还很宽阔，而豆娘的胸部则比较窄小。蜻蜓的飞行能力很强；而豆娘的飞行能力却远远不如蜻蜓。

静止的豆娘

以上已经为大家区分了一下豆娘和蜻蜓之间的不同，现在就让大家具体地认识一下这位“假蜻蜓”。豆娘是一种食肉昆虫，它们的外表很鲜艳，体态娇小而优美，身体呈细长形，长在两侧的复眼很发达，它的触角呈毛状，前后翅膀很相似，而且大小也一样。豆娘主要以体型较小的小飞虫，如蚊子、苍蝇、蚜虫等为食。或许我们会看到一种非常残忍的现象，那就是大豆娘为了生存而吃掉小豆娘的现象。通常，豆娘大的特别大，小的却特别小。

通过上面的文字我们初步认识了一下豆娘的长相，那么接下来我们就来了解一下这位美丽的豆娘是怎样生活的吧！一般情况下，豆娘大都习惯生活在溪流、山沟、田沟、池塘、沼泽、水洼以及水田中。豆娘的幼虫叫作“水虿”，大多数豆娘水虿的尾部有3个明显的叶片状或肉质状尾鳃，在情况紧急的时候还可以用来划水游泳以躲避敌害。豆娘的水蚤孵化后在水中捕捉那些比自己小的昆虫或浮游性小节肢昆虫为生。豆娘的幼虫一般喜欢生活在水中，身体扁而长，尾部还有叶片状的尾鳃，是用来呼吸和运动的。它们主要以水中的小昆虫为食。豆娘之所以被人们称为“水乞丐”，主要是因为它有着很明显的特征，它下唇进化成的捕获器，看起来很像面罩一样，但更像大街上讨饭的乞丐，因此而得名。

豆娘的幼虫和蜻蜓的稚虫在外表上很相似。豆娘的成虫一般生活在水域附近，身躯看起来很娇弱，它们的飞行能力也确实不强。虽然豆娘那纤细的身体飞不远，但也可以看到它们在湖畔、池塘和川溪旁翩翩起舞。当然，我们也可以在水边看到“豆娘点水”的场景。因为豆娘的颜色鲜艳、体态优美，所以它是很多人喜爱的昆虫。

飞行中的豆娘

蚊子——吸血的昆虫

吸食植物汁液的蚊子

提到蚊子，大家是不是就感到深恶痛绝呢？因为整个夏天，它们都会不停地吸食我们的血液，让我们没有办法安心地生活、工作和学习。可是，你知道吗？关于蚊子还有一个小秘密——咬人的蚊子都是雌蚊子，雄蚊子一般不会咬人，它们通常都依靠吸食植物的汁液生活。这是因为雄蚊子的口器已经退化了，而雌蚊子因为繁殖的需要会叮咬动物吸食血液来促进体内的卵成熟。因此，真正可恶的是那些雌蚊子。

那么，这些雌蚊子会把成熟的卵产在哪里呢？一般来说，蚊子的卵都会被产在水面上。过了两天之后，这些卵就会孵化成蚊子的幼虫叫孑孓。这些幼虫就生活在水中，依靠吃食水里面的藻类为生。处于这个阶段的蚊子幼虫还扮演着重要的角色，它们除了吃水中的藻类以外，有时还会吃腐烂的植物，这样腐烂的植物被吃掉了，就不会释放出大量的瘴气了，由此可见蚊子的幼虫在维护生态方面还发挥着重要的作用呢！幼虫们漂浮在水面上，它们的身体后方接近尾巴的地方有一个呼吸管道，可以帮助它们呼吸。就这样大概经过5~7天，孑孓就变身成蛹。这时它也不再吃食了，但是仍然可以在水中活动，蛹会利用身体上的第一对呼吸角进行呼吸。

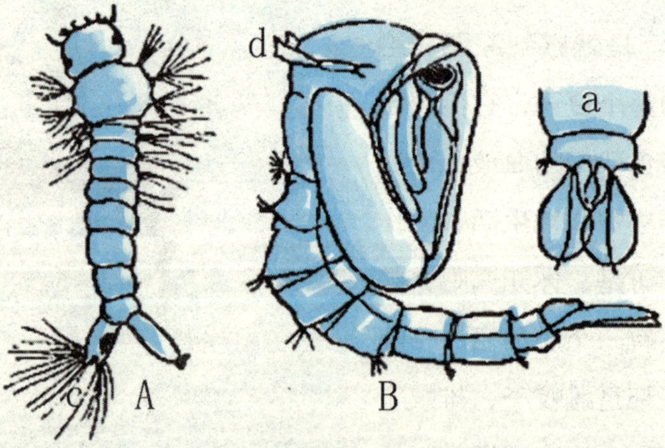

蚊子的幼虫和蛹

（A.春天时期的蚊子幼虫，c.呼吸管道；B.处于变蛹时期的蚊子幼虫，d.两条呼吸管道，a.两条呼吸管道底部的“宽桨”）

大约经过两天以后，蛹就完全成熟了，蚊子的成虫就会从里面爬出来。等爬出来以后，它不会立刻丢弃自己的蛹壳，而是趴在上面晾干自己的身体，等身体干透了，翅膀可以飞行的时候，它就飞离水面去过全新的生活了。它要做的第一件事就是找到一个心仪的伴侣然后完成一生中的大事——结婚交配。有些蚊子会在田野上空完成“终身大事”，有些蚊子则会选择在草地上完婚，有时候许许多多的蚊子会举办“集体婚礼”，于是空中就会出现群蚊乱舞的情景。交配后的雌蚊子就会产卵，接着新一代的蚊子就开始了生命过程。

有些人已经注意到了，有时候冬天还会见到蚊子的身影，这是怎么回事呢？原来呀，秋天的时候，天气转凉了，蚊子也不再那么猖獗，它们在这个时候就停止了繁殖，并且大部分蚊子都被冻死了，可是也有少数蚊子寻找了墙壁、衣柜等地方躲起来过冬，等待着第二年春天的到来。有时候屋子里太暖和了，它们或许就误以为春天来临了，所以就出来活动了吧！

谈到了蚊子，我们就不得不说一下被它们叮咬的事情。我们都知道如果被蚊子叮咬了，被咬的地方会有一种痒痒的感觉，而且还会出现一个大包，这是为什么呢？难道蚊子会分泌一种化学物质吗？蚊子的嘴巴究竟有多厉害呢？其实蚊子在叮咬我们的时候并没有分泌特殊的化学物质，而且蚊子也没有嘴巴，它只不过是长了6支很厉害的“针”，说得具体一些是6个针状结构，它们是蚊子摄取食物的利器，如同我们人类使用的抽血针。并且，它们在吸食我们的血液的时候就会释放出一种含有抗凝血剂的唾液来防止我们的血液凝固，由此可见这些蚊子真是太狡猾了！

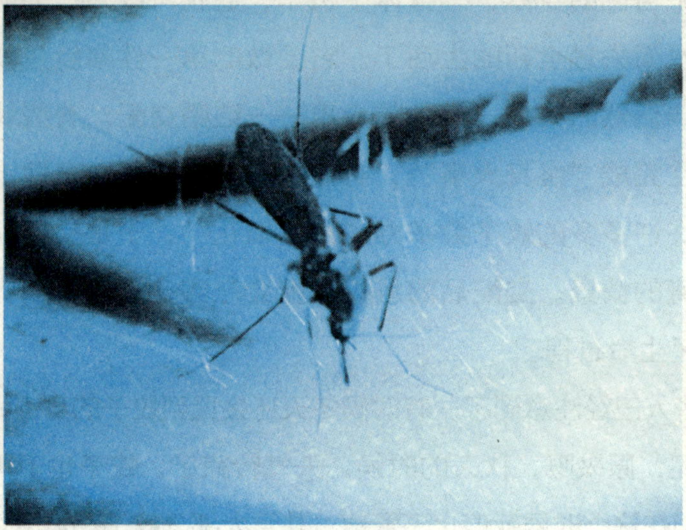

正在吸血的蚊子

我们的血液无法凝固了，它们就可以吸个够了。等它们吃饱了以后，就潇洒地飘然离去了，只剩下我们在遭罪，我们的伤口又痒又难受，可是蚊子很灵巧，很难被打死，这让我们感到无能为力。那么我们为什么会感到痒呢？原来，我们的皮肤被蚊子刺穿并释放出抗凝血剂以后，体内的免疫系统就会释放出一种叫作组织胺的蛋白质来对付这种来自外界的物质，于是这个免疫反应会使我们感到痒。

雌蚊子吸食我们的血液，因此它也是疾病的传播者，是引起很多疾病大规模传播的罪魁祸首。它们已经在全球传播过许多病毒和疟疾。那么有没有办法可以避免被蚊子叮咬呢？到了夏天，我们需要保持室内干燥整洁，保持皮肤清爽，如果出汗了要及时用纸巾或者手绢把汗擦掉，还有就是需要定期用杀蚊子的药剂清理房间，同时也保证自己和家人不会中毒。

5

第5章

由内而外的大变形

飞行中的蜜蜂

一只小蚂蚁趴在树叶上面

趴在树木上的甲虫

现在我们就来研究一下前面提到的，与蝴蝶多多少少有些相似的一些昆虫的变态。在前面几章我们已经提到的一些昆虫中，比如蜉蝣和蝉，它们的幼虫和成虫有很大的区别。而在介壳虫中，我们发现了这样一种现象，那就是在它长成有翼的状态之前，会跟蝴蝶变态前的蛹一样，还有一个静止阶段。

现在，我们先来认识几个名词吧！一个是“无变态类昆虫”，一个是“半变态类昆虫”，还有一个是“完全变态类昆虫”。这些名词具体是什么意思呢？别急，让我们一个个来了解。幼虫阶段与成虫阶段在形态上没有明显区别的昆虫，如直翅目的昆虫，它们在发育中几乎没有变化过程，我们称它们为“无变态类昆虫”。而像蜻蜓一样，要经历部分变态过程的昆虫，我们叫它们“半变态类昆虫”。而飞蛾、石蚕、甲壳虫、蚂蚁、蜜蜂等大多数像蝴蝶一样，要经历完全蜕变的昆虫，我们叫它们“完全变态类昆虫”。

花朵上的飞蛾

那你知道无变态类昆虫、半变态类昆虫与完全变态类昆虫，有什么本质的区别吗？首先它们之间的区别不仅仅体现在幼虫与成虫的外形差异上，虽然它们看起来有很大的不同，或者是有一个相对静止的阶段，但这些条件都是我们可观察到的（介壳虫类似于蝴蝶蜕变前的蛹期除外），并不完全代表它们本质的区别。昆虫学家夏普曾经指出，它们之间最大的区别在于翅芽发育的位置。在倒数第二个龄期到来之前，从无变态类昆虫和半变态类昆虫身体的外部，我们能明显地看到翅芽的发育，而完全变态类昆虫只有到了蛹的阶段，才会有翅芽出现。

你知道蜻蜓和蜉蝣的变化过程吗？它们的幼虫时期正是它们的摄食和成长阶段，而且在这个时期基本上要经历4~5次，甚至有些品种还要经历7~8次的蜕皮。每次蜕皮，我们都可以观察到一些细节变化，例如它们的大小或是外形发生了变化，甚至是颜色有了不同，或者是它们的毛发及甲壳变得更浓密了。

一只小小的才孵化出的幼虫，在经过一段大吃特吃的过程后长成了一只肥肥胖胖的毛虫，尽管它的身体已经慢慢变长变大，但还是爬行状态，它那长长的虫体外面，没有一点长出翅膀的迹象，所以这时候的它并没有发生本质上的变化。当最后的外壳沿着背部裂开，重获新生的它蠕动着爬出来时，它的身体上也出现了小小的翅芽。而同时，我们还可以看到排列整齐的触须、腿及下颚。而这个阶段它就变成了我们所说的蛹了。这只蛹是什么样子的呢？啊，它看上去和成虫很相似，尽管它的身体看起来比以前短多了。

一般而言，完全变态的昆虫成虫都会比吃得饱饱的幼虫的身体短。现在，它的翅膀及其他结构特征，在经过最后一次蜕皮之后，就会完全显现出来了。从这些方面我们可以推断，它的翅芽一定在幼虫阶段就有所成长了，只不过是在最后一个龄期之前一直隐藏在表皮的下面罢了。那么它仅仅是隐藏起来了吗？不，它还悄悄地成长呢！因为当翅芽长出来时，新的表皮就会将它们覆盖住，这样才能在下一次的蜕皮之后显现出来。但是有一点我们可以确定，只有在蛹的阶段，它的表皮下才会长出翅芽，而后到了最后一个龄期，这些翅芽才会显露出来。

所以，从毛毛虫低调的、爬行的一生中，我们根本看不出它的未来形态，但是它却一直默默地准备着，期待着自己长出飞行器官，从而可以在空中自由活动。这样的话，我们就可以从总体上来说，蝴蝶、蜜蜂、苍蝇和大多数有翼昆虫的翅芽都在悄悄地生长着，而与它们所不同的是蟑螂、臭虫及蜻蜓等昆虫，它们的翅芽是露在外面可以观察得到的。所以，这两类昆虫之间的差别是显而易见的。

一只刚蜕变成功的蝴蝶

其实不仅仅是翅膀，它们在蜕变的过程中身体结构也会发生变化。而且这些昆虫除了在外部形态上有所改变之外，它们的体内各个器官组织也会发生改变。由于这些变化听起来太复杂了，所以在这里就不一一赘述了。

竹节虫——巧妙的伪装者

大家都认识竹节虫吗？竹节虫是一种很常见的昆虫，它又被叫作“无脊椎动物”或“虫脩”。人们之所以称它“竹节虫”，主要是因为它拥有一个很长的身体，而且看起来和竹节十分相似。当然，竹节虫也像其他昆虫一样拥有很多种类型。全世界竹节虫的类型大约有2200多种，它们主要分布在热

在石块上爬行的竹节虫

带和亚热带地区，喜欢生活在高山、密林和比较复杂的环境中。

这种很奇特的昆虫的变态类型属于渐变态，刚孵化出的幼虫和成虫的形态以及生活习性都很相似，唯一不同的就是幼虫的翅膀还没完全发育，生殖器官也没有成熟，它们会经历很多次蜕变。当然，这些幼虫每次蜕变后翅膀和生殖器官都会慢慢地发育以及生长，当它们还是幼虫的时候被人们叫作若虫。

在我们常见的昆虫中一般都是雌雄交配才可以产下卵宝宝，可是竹节虫却是很特殊的一种昆虫。接下来，我们就为大家详细地介绍一下我们这位神奇的朋友吧！

竹节虫有着很独特的生活习性。这些竹节虫走路的时候特别慢，它们喜欢在夜间出来活动寻食，而白天却懒洋洋地待在树枝上。雄性的竹节虫是比较活泼的，它们一般都在夜间寻找很多食物，基本上一整夜都在不停地“玩要”。当它们受到惊吓时，就会将后腿落下，再用前胸背板前角发射臭液。当然，竹节虫繁衍后代的方法也是相当特殊的。这些雌性的竹节虫不用经过和雄性的竹节虫交配便可以产下卵宝宝，就跟前面提到的蚜虫一样，也属于“孤雌生殖”。在一般情况下，竹节虫都会把卵产在树枝上，可是这些卵要在一两

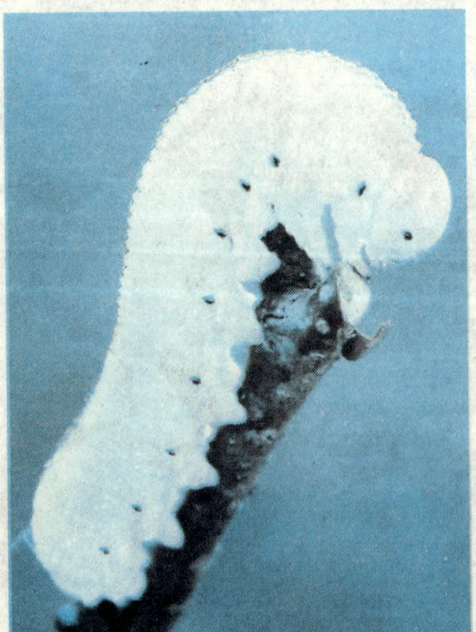

竹节虫的幼虫

年之后才可以孵化出来。

雌性竹节虫产的卵被很坚实的囊包裹着，就像植物的种子一样都散落在地上。它们的卵期很长，经过1～2年才可以孵化出来，若虫发育得很慢，它们一般需要1年到1年半的时间才可以完成一个世代，还要经过3～6次蜕变才可以从若虫变成一个成虫。竹节虫产的卵就像一粒种子一样大，有时还会像它们所食的树种或灌木的种子一样大。

正是因为这些竹节虫一般都生活在树枝上，又因为它们衣服的颜色和树叶的颜色很相似，所以它们是不容易被敌人发现的。大家可不要小瞧这种昆虫！它们的伪装本领可是很强的，它们会把自己天衣无缝地伪装起来，只有在它们爬动的时候才可以被发现。当它们被冒犯时会马上飞起来，它们那迷人的舞姿很是诱惑敌人。可是这些迷人的舞姿总是短暂的，当竹节虫把翅膀收起来后，就又看不到它们了。我们把它们这种一闪而过的飞行方式叫作“闪色法”。很多聪明的昆虫都使用这种巧妙的逃跑方式。

蝼蛄——地下破坏王

石块上的蝼蛄

蝼蛄是一种生活在地下的昆虫，或许大家对它并不是很熟悉。想了解一下吗？蝼蛄的身体长约3厘米，头胸呈茶棕色和黑棕色的混合颜色，长着一双黑色发光的眼睛，脑袋很小呈圆锥形，复眼小而突出，前胸背板呈椭圆形，背面隆起并且长有绒状的细毛，两侧向下伸展，几乎把前脚都包起来了，它还长着一对翅膀。蝼蛄的前脚进化得又粗又短，关节也短而宽，腿关节处稍微弯曲。它身体的内侧有一个裂缝，这是它的听觉器官。

蝼蛄又被叫作拉拉蛄或者土狗。蝼蛄的出现与自然环境有着密切的联系，蝼蛄的种类也很多，全世界大约有五十多种。蝼蛄主要以新播的种子为食，它还会吃农作物的根部，不但能把地下嫩苗的根茎都吃干净，还可以在苗床土表下像水泥工一样挖出隧道，对作物的幼苗伤害很大，以至于让幼苗根部脱离土壤，最终导致幼苗吸收水分不足而枯死，因此蝼蛄被称为“地下害虫”。

蝼蛄一般都在夜晚出来活动，我们时常可以听到一片咕咕的鸣叫声，原来是雄性蝼蛄在歌唱，它们是在向蝼蛄姑娘们唱情歌呢！羞答答的蝼蛄姑娘常被这种动听的歌声所打动，并乖乖地爬到雄蝼蛄身旁。当然，它们爱情的结果就是让当地的蝼蛄数量增多，从而加重了对农作物的伤害，因此它们那“地下害虫”的名号就这样传承下去了。

当冬天到来的时候，蝼蛄就钻到地下深处冬眠。只要春天一到，蝼蛄就从地下懒洋洋地爬出来，马上开始修建它的“房子”。它顺着地面斜着向下挖洞，一般可以挖出很深的一个洞穴。它会把这个深洞当作自己的“老巢”，然后白天躲在所谓的“老巢”中，直到夜晚才出来大扫荡。这些蝼蛄只要有机会出来大扫荡，就像发疯似的，不分青红皂白，用“牙齿”咬碎、切断很多东西，狠狠地饱餐一顿。假如要是遇到马铃薯阻挡了它们的道路，它们就会毫不客气地把马铃薯钻个洞，继续按原计划行动。它们真是不枉费自己的称号呀！

磕头虫——跳高运动员

磕头虫也是昆虫家族的一名“跳高运动员”。磕头虫是一种很常见的小甲虫。磕头虫又被叫作叩头虫。磕头虫的类型也有很多种，目前已经确定的全世界有8000多种。这种昆虫的幼虫和成虫大都以植物为食，有很少一部分以肉食为主，还有一部分吃庄稼的种子、根和茎，被称为农田的害虫。磕头虫不停地叩头的动作，其实是它为了躲避危险而逃跑的一种方式，也是保护自己免遭敌害的一种本能反应。

正是因为磕头虫会不断叩头的缘故，它总是受到孩子们的“青睐”。磕头虫是孩子们获得乐趣的玩物，它一旦被孩子们逮住，就会被折腾得够呛。那磕头虫为什么会磕头呢？因为磕头虫的前胸腹面有一个楔形的突起，刚好插在中胸腹面的一个槽中，这两个东西镶嵌起来就变成了一个巧妙的“机关”。当磕头虫那发达的胸部肌肉收缩时，前胸就有力地向中胸收拢，正好撞在地面上，让身体向空中弹跃起来，向后翻个滚又落下来。因此，它被称为“磕头虫”。

趴在枝干上的磕头虫

接下来，我们就为大家详细地介绍一下磕头虫！磕头虫体形很小，身长大约有两个米粒大，它们穿着一件黑色的衣服，就像抹了一身油一样，看起来油光油光的，背上还长着一对坚硬的翅膀，它们不经常到空中飞翔，就算是飞行的话，它们也飞得很低。但是磕头虫却可以跳得很高，这就弥补了它们飞不高的缺陷。磕头虫可以跳到40多厘米的高度，但是它却只有3对又短又小的胸足，这短小的胸足和其他爱好跳高的昆虫那强健的后脚比起来，简直就是太小了。磕头虫单靠这么小的脚，只可以用来爬行，是没有办法让它跳高的，就更不用说让它跳过身体高度的几十倍了。那磕头虫到底是靠什么跳得很高呢？

在昆虫家族中，一般的昆虫如跳蚤、棉蝗等，都是拥有一对发达和强健的后脚才可以跳高的。可是磕头虫却和它们跳高的方式不同，它不用脚也可以跳得很高。既然磕头虫不用脚跳高，那么它是怎样跳起来的呢？要揭开这个秘密其实并不难！

抓到一只磕头虫仔细研究后才发现，原来磕头虫跳得很高的原因，就是它的前胸腹有一个像合页一样的部位。当磕头虫平躺在地上的时候，它就让自己的头使劲儿向后仰，拱起后背，在身体下面形成一个三角形的形状，再猛地一下子收缩体内的背纵肌肉，让前胸突然伸直，此时此刻，它的背部就会猛地向地面撞击，就这样在反作用力的作用下，磕头虫的身体就会被猛地弹向空中，然后它在空中向后翻个滚就落下来了。这样，磕头虫不用脚就可以完成跳高动作。当然，磕头虫也是为此而享有昆虫界“跳高运动员”美称的！而且，磕头虫的跳高姿势也非常优美！

天牛——自然宠物

我们通常见到的天牛也属于一种飞行昆虫。我们就为大家详细地介绍一下这位会飞的“牛”吧！天牛的触角很长，几乎比它的身体还要长，这种昆虫的类型大约有2万种，属于一种害虫。为什么说它是一种害虫呢？这样定义它肯定是有道理的。天牛是一种以植物为食的昆虫，大部分的天牛主要危害木本植物，如松树、柏树、苹果树以及桃树等，有一部分天牛危害草本植物，如玉米、高粱、小麦等，还有一小部分会危害木材、建筑、家具等，这就是人们将它称作害虫的原因。

大家肯定在想它为什么叫天牛呢？其实，天牛之所以享有如此大名，主要是因为它善于在空中飞翔，而且它的力气大得就像一头牛一样。又因为它就像工人在伐木一样发出“咯吱咯吱”的声音，因此它又享有“锯树郎”的美称。中国南方有些地区把它叫作“水牯牛”，而北方有些地方称它为“春牛儿”。

天牛因分布地区的不同而在种类、体形上也有所差异。这种昆虫最特别的特征就是它的触角特别长，在中国华北地区分布着一种天牛叫作长角灰天牛，它的触角是身体长度的4到5倍，而我们一般见到的天牛，触角大约只有10厘米。这些天牛大都为黑色，它们在空中飞翔的时候鞘翅张开却不摆动，而是它们的内翅在扇动，并发出“嗡嗡”的声音。这种昆虫大都是一年产生一代，但是也有两年才产生一代的。

在同样的生活环境下，天牛因植物的老幼以及干湿程度不同而影响其生长发育状况和产生的代数。它们一般都在树干中过冬，当成虫羽化后，有的需要补充营养，吃一些花粉、嫩枝、嫩叶、树皮以及果实等，有的则不需要补充营养。一般情况下，这些成虫的天牛的寿命会在10天左右，多则1～2个月。而雄性天牛要比雌性天牛的寿命短。

趴在花朵上吃花粉的天牛

成虫活动的时间和复眼小眼的粗细有关，小眼面细的天牛，一般都在白天活动；而小眼面粗的天牛，它们多在夜间出来“玩耍”。成虫产卵的方式和口器形式有关，一般前口式的成虫产卵时将卵直接产入粗糙树皮上或裂缝中；而下口式的成虫则先在树干上咬成刻槽，然后将卵产在刻槽内。

当卵孵化出幼虫后，初龄幼虫即蛀入树干，最初在树皮下取食，等到幼虫变大后，就钻入木质部为害，有的种类仅停留在树皮下生活，不蛀入木质部。幼虫在树干内活动，蛀食隧道的形状和长短随种类而异。幼虫在树干或枝条上蛀食，在一定距离内向树皮上开口作为通气孔，向外推出排泄物和木屑。幼虫老熟后即筑成较宽的蛹室，两端以纤维和木屑堵塞，它就在里面完成化蛹的过程。

当天牛被逮到时，它便会发出“嘎吱嘎吱”的声音，企图逃跑。假如把它绑在一根线上让它带着线随便飞翔的话，还可以听到它“嗡嗡”的救命声。所以，它享有“自然宠物”的美称呢！

蟋蟀——昆虫中的好斗者

蟋蟀是一种很常见的昆虫，而且它在中国还被很多人当作宠物饲养。传说，在中国处于宋朝的时期，风流皇帝宋徽宗就酷爱赏玩蟋蟀，由于他不务正业，国家被外族侵略了。在亡国后，宋徽宗被金兵俘虏了，他们经过山东宁津县时，宋徽宗的行李突然散了，而他用来饲养蟋蟀的容器也从车上掉了下来，此时一只蟋蟀从里面跳出来逃走了。当宋徽宗目睹这一切后，思念故乡之情油然而生，不禁悲戚起来，还流着眼泪对着自己的爱虫说："你走吧！八百年后你会在华夏称雄。"而正好在800年后，中国山东省宁津县举办了第一届蟋蟀文化节。虽然这个故事带有一定的传奇色彩，不过从侧面我们可以看出中国人对于蟋蟀这种昆虫的喜爱之情了。

中国养斗蟋蟀的历史非常悠久。在唐朝天宝年间，人们就已经开始养斗蟋蟀了，但是在宋朝时开始流行斗蟋蟀，此项活动到明清时期发展到了鼎盛。在中国历史上有很多关于斗蟋蟀的故事，其中有一个人被称作“蟋蟀宰相”，此人就是中国宋朝宰相贾似道。这个人平时就喜欢斗鸡走马，在他当上宰相以后，还经常同妻妾趴在地上一起玩斗蟋蟀，而且他还根据自己斗蟋蟀的经验写了一部《促织经》流传于世。然而，他却并不是一个好官员，在他做宰相的那段时间里，他专横跋扈，背着朝廷做了很多坏事，最终将宋朝的半壁江山拱手送给了元军。正是因为这样，汉人骂他是“汉奸”。

中国人养斗蟋蟀的历史再悠久，也不能赶上蟋蟀自身的历史悠久，早在1.4亿年前蟋蟀就存在了，可以说这是一种非常古老的昆虫了。蟋蟀在中国又被称作蛐蛐、促织，身体多为中小型，极少数为大型，体色为黄褐色或黑褐色，头部为圆形，头上长着两条细长且脆弱的触角，口腔为咀嚼式，有些蟋蟀的大颚非常发达，擅长咬斗。胸部较宽，长有3对足，前足和中足一样长，前足的胫节长着听器，后足较为发达，跳跃能力很强。

雄性的蟋蟀喜欢鸣叫、争斗，因此雄性蟋蟀之间经常出现相互残杀的情况。雄蟋蟀之所以擅长鸣叫是因为它们的前翅上有可以奏出美妙音乐的发音器，这种“乐器”是由翅脉上的刮片、摩擦脉和发音镜组成的。它们在唱歌时，前翅会举起来，左右相互摩擦，从而让发音镜震动发出声音。当温度升高时，雄蟋蟀的音调会随之升高，但是当温度高于32℃或低于7℃时，它们就不再唱歌了。雌蟋蟀不擅长唱歌，在个头上也比雄蟋蟀大，翅膀很小，它特有的产卵管裸露在身体外边。蟋蟀的地盘占有欲非常强，因此不会出现多个蟋蟀同时居住在一个洞穴内的情况，但是雌蟋蟀和雄蟋蟀交配的时候除外。

趴在花朵上的蟋蟀

在蟋蟀的家族中，它们并不是通过“自由恋爱”而获得配偶的，它们会像斯巴达勇士一样通过争斗获得自己的配偶。只有哪只蟋蟀英勇善斗，将对手打败后才能获得对雌蟋蟀的绝对占有权。正是如此，在蟋蟀的家族中会出现“一夫多妻”的现象，这也为蟋蟀家族繁衍后代作出了巨大贡献。

蟋蟀在交配后，雄蟋蟀会筑巢同雌蟋蟀同居，巢穴一般会建在阴凉、土质疏松、潮湿的环境中。越冬的时候大约在10月下旬，蟋蟀就会产卵，此时雌蟋蟀会选择杂草丛生且向阳的田埂、草地边缘等地方，产卵时雌蟋蟀会将腹部外露的产卵管插入土壤中或植物的茎内，之后将卵留在里面，经过寒冷的冬天后，在第二年的4~5月份，卵就会孵化成若虫，开始时若虫群居在一起。若虫经过六次蜕皮，每次蜕皮需要3～4天，一共需要20～25天左右才能从若虫羽化成成虫，在若虫时期，它们集体生活在阴暗潮湿的地方。羽化后的蟋蟀带有翅膀，开始鸣叫，声音没有成虫的好听，大约在羽化后7天左右，它的后翅就会掉下来，并且它此时发出的声音就同成虫没有什么区别了。

蟋蟀正在草丛里唱歌

蟋蟀虽然是斗蟋蟀爱好者的最爱，但是对于庄稼它却是一个大敌。它会咬噬庄稼的叶子、果实和根部，影响庄稼生长，所以从这一方面来说，蟋蟀是一种害虫。

6

第6章

破蛹而出的昆虫

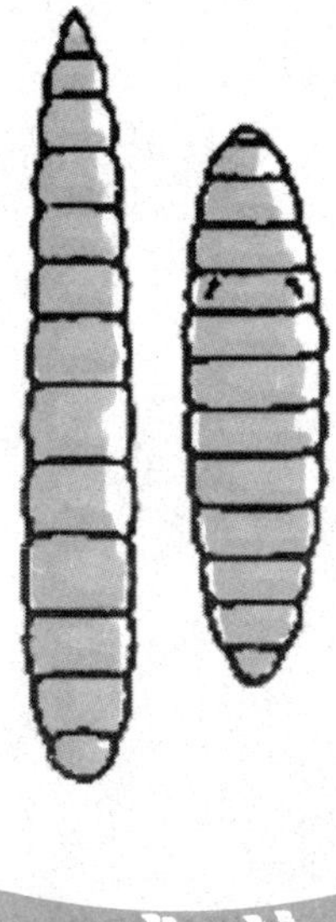

苍蝇和蜗牛

瓢虫的幼虫

蓝宝石般的蝴蝶

大家还记得吗？在前面的很多节里，我们都提到了蛹，蛹是有翅膀的幼虫必然会经历的一个阶段，它们的幼虫和成虫之间的差异太大了，真让人不敢相信。幼虫变成蛹以后，它的身体结构相应地发生了巨大的变化，这种身体构造正是未来成虫的身体构造，此外，我们还能够看到它的翅膀的形状。通常情况下，蛹安安静静地躺着，这是一个特殊的时期，因为幼虫正在里面变身，它脱去了幼儿时期穿在身上的外衣，并蜕去幼年时期的许多身体组织，同时长出新的器官。昆虫正在经历一个大变身的过程。当这个阶段过去以后，它就拥有了一副截然不同的形态和生活习惯。

随着时间的推移，蛹逐渐显露出成虫的样态了！从这个方面来看，我们可以说蛹长得更像成虫一些。然而，不同种类的昆虫结成的蛹与成虫的相似程度是有差别的。一只甲虫的蛹长出来的附器，例如触角、下巴、腿和翅膀等，都和成年甲虫几乎没有什么区别。这种蛹被叫作自由蛹。这种蛹在成虫出来以后会脱落，因为昆虫变完身以后，个头儿会变得比较小，所以成虫能够从里面出来，然后把蛹皮脱掉。

你知道吗？在大自然中，许多昆虫的蛹是自由蛹，比如甲虫类的昆虫、脉翅目昆虫、毛翅目昆虫、膜翅目昆虫和双翅目中的许多成员。有时候，为了适应特殊的生活环境，这些蛹会长有特殊的器官来

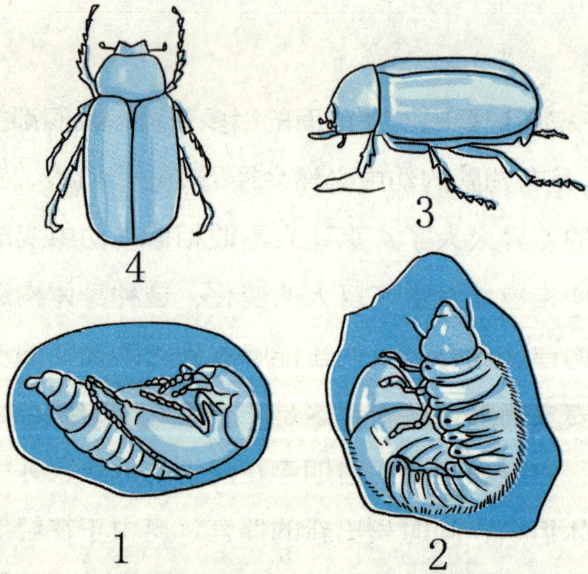

甲虫类昆虫金龟子的变态过程

（1.是金龟子的蛹，2.是刚从蛹里面探出头的金龟子，

3.是刚从蛹里面爬出来的金龟子，4.是发育成熟的金龟子）

其中金龟子的蛹就是自由蛹

满足自己暂时的需求，比如有些生活在水中的昆虫，它们的蛹就长着特殊的呼吸器官来保证自己可以自由呼吸，不过这种暂时性的器官在蛹变成成虫以后就会消失不见了。

另一方面，大多数鳞翅目昆虫和部分双翅目昆虫的蛹是另外一种样子。它们的蛹的附器表皮和身体表皮连在一起，这样附器便不会显得突出，而是与身体连接在一起，仿佛被遮蔽起来了一样。因此这种蛹叫作被蛹，它和成虫看起来并不完全相同，这也是它与自由蛹的区别之一。有些蛹，例如蝴蝶蛹，它的翅膀轮廓就很难被分辨出来。T.A.查普曼在1893年指出：鳞翅目类昆虫的等级越高，它体现出来的被蛹的特点越明显；相反，如果等级越低，那么它体现出来的被蛹的特点越不明显。假如把一只蝴蝶或者蛾子的蛹放在手里，你就会观察到它利用腹部蜿蜒着前行。没有发育完全的被蛹身体各个部位的活动很明显，而发育完全的被蛹的身体活动则不是那么明显。

蝴蝶类家族的蛹经常被人们叫作“蝶蛹”，这是为什么呢？原来，因为它们的蛹皮闪着金色的光芒。其实“蝶蛹”这个名字就已经把蝴蝶的蛹与其他昆虫的蛹清楚地分开了。1892年，波尔顿就告诉我们，毛毛虫在最后一次蜕皮的时候，它所在的生活环境会影响蝶蛹的颜色。

为什么大部分虫子要吐丝呢？这些丝有哪些用途呢？相信大家对这两个问题也很好奇。生物学家们经过多年的研究发现，这些丝主要是虫子们用来结茧保护自己的。虫子们在最后一次换毛之前就开始吐丝结茧了，把茧做好以后，它们就可以舒舒服服地睡在里面安全地完成变态过程。

蝴蝶的蛹

很多虫子都会把自己藏在土里面，并且蛹会睡在一间小土房子里，它很聪明，巧妙地用吐出来的丝将土紧紧地粘在一起。吃木头的蛾子幼虫，比如木蠹蛾的毛毛虫，在织茧的时候主要把自己吐出来的丝与木屑等织在一起做成茧；而身上长毛的毛毛虫，比如虎蛾，会把自己吐出来的丝和身上的毛发织在一起做成一个坚固的茧。另外，那些被称为“蚕”的虫子，它们吐出来的都是纯正的丝，然后会用这些真丝做成茧。这种茧又厚又牢固，分为两层，最外层的丝比较粗糙，里面的丝质地良好，是非常棒的小屋子。小姬蜂织的茧和蚕织的茧非常相似。

还有很多昆虫的蛹睡在一个简陋的茧里面，这个茧只是用一些交织在一起的丝简单做成的，比如醋栗尺蛾的蛹就睡在黑红相间的简陋的茧里面，不同的叶甲虫的蛹也睡在简陋的茧中。剩下的昆虫的幼虫会把树叶的边缘和吐出来的丝织在一起。蜜蜂和黄蜂快要变成蛹的时候，就会用丝和自己的排泄物织在一起做成一个小盖子，把房间密封起来，因此它们的变态过程是在自己铸造的巢穴里完成的。

停在菜叶上的粉蝶

各种蝴蝶的蛹尤其有趣：凤尾蝶或者粉蝶的幼虫会在自己食用的植物上面选取一个枝条，然后把茧织在那里，或者垂直着把茧织在一面墙上，蛹的尾部紧紧地与吐出来的丝连接在一起，另外蛹的胸部被一条细小的丝质腰带围起来。蛱蝶的蛹头朝下悬挂在树枝上面，被尾部的丝垫支撑着，这个尾垫只起着连接的作用。

通常情况下，蛹被一个多刺的小钩子与丝垫连在一起，同时它的臀棘与腹节连在一起。要知道，只有蛾子或者蝴蝶的蛹才长着这种臀棘呢！C.V.赖利和W.哈奇德·杰克逊告诉我们，蛹的臀刺与它的肛上板连接在一起，而肛上板就在蛹的肠口上方。有些毛毛虫头向下，是因为它的尾部的腿和肛上板连接在一起，这样成虫发育完全以后比较容易从蛹里面爬出来。而且昆虫将尾部的腿和肛上板连在一起，以后换起毛来也会方便很多，同时蛹也会容易落地。

蛹和幼虫身体后部之间的连接比较紧密，它会利用身体后部外翻的肠子使蛹安全地待在里面，并且它只要一用力拉身上那层幼虫时代的皮，就可以和蛹同时进入织好的丝垫里。这样就完成了最后一次换皮的过程，蛹也就可以安全地待在茧里面了。在很多情况下，当蛹被茧包起来以后，它的臀刺就可以和周围的丝连接在一起，支撑着蛹的整个身体。

查普曼观察到如果蛾子的等级很高，它的蛹就会安稳地待在茧里面，等变成成虫以后再完成最后一次换皮过程；而如果蛾子的等级比较低，它会在蛹里面完成一半换皮过程，然后等变成成虫以后再完成另外一半换皮过程。如果是第二种情况，那么蛹的臀刺就会与一根细丝连接在一起，这样可以方便它换皮，而且蛹的腹节上还长有一些成排的刺，这些刺也是为了方便蛹从茧里面爬出来。

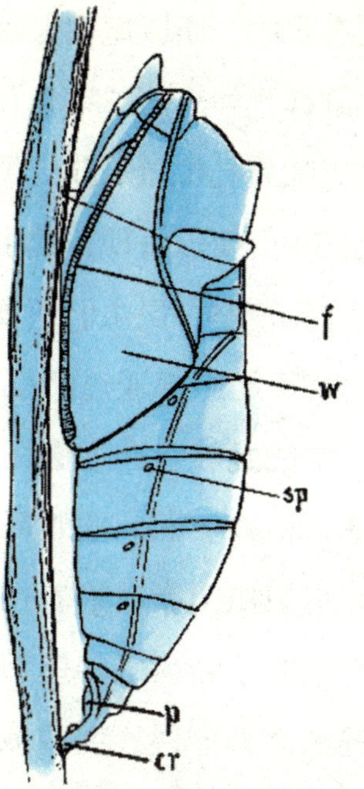

粉蝶的蛹的侧面图（f.触角，w.翅膀，sp.呼气孔，p.肛门附近的腿，cr.臀刺）

整体来说，蛹基本上具备了成虫的特征，然而在很多情况下，许多昆虫的蛹必须在这个阶段长出一些特殊的身体结构或者器官，来帮助它们顺利地度过这个时期。蝶蛹和它的成虫就很相像，都没有上颚，可是石蚕蛾和另外两种小蛾子以及大部分低级的鳞翅类昆虫的蛹就和幼虫时代一样，长着发育完好的上颚，这样可以帮助它们把茧咬开，然后游到水中，并在那里完成变身成虫的过程。

生活在水里的蛹需要一个特殊的呼吸器官。我们在前面介绍过蚊子的幼虫，因为它生活在水中，所以尾巴上面就长了很多呼气孔帮助呼吸；而且蚊子的蛹也同样长着一些“呼气孔”帮助呼吸，不过这些呼吸孔长在了蛹的前胸。呼气孔位置的改变是为了方便以后成虫从蛹里面出来飞到空中。我们由此可以发现，幼虫和蛹在身体构造上的变化都是为了便于自己生存和变态。昆虫们还真是具有长远的目光啊！

很多生活在水中的蚊子幼虫都通过腹部末端的吸管呼吸，这些吸管长在前胸的两侧。蚋的蛹就躲在很像杯子的奇怪的茧里面，茧就附着在水中的岩石或者植物上面。摇蚊属的蛹通常躺在一个长长的、凝胶状的茧中，而这只茧常常就附着在一块石头上面。蚊子利用这个茧浮到水面，然后蚊子就可以从里面飞出来了。迈阿尔和哈蒙德描述了蛹结束后的状态，他说蛹变成成虫以后，就不再需要这些类似鳃一样的东西了，于是这些“鳃”就会很自然地脱落。从气管进入鳃的“墙壁”非常坚固，但是在蛹身体下面的那些“墙”却很薄，容易裂。这时当蛹脱皮的时候成虫就可以穿过这些“薄墙”爬出来了。

别看双翅目的幼虫没有头，它们可是有保护自己的一个很有利的结构呢！它们在最后一次脱皮的时候并没有把皮丢掉，而是继续把这层皮披在身上，慢慢地这层皮变得很坚硬，可以保护它的身体，并且它也可以在里面完成身体的转变过程。一般来说，我们常见的蛹壳都是黑色的，不过棕色并且呈筒状的蛹壳也不少见。当成虫在里面发育完全以后，蛹的头部一端就会裂开一个环形的好像盖子一样的东西，成虫就可以从里面出来了。幼虫通过尾巴上的气孔呼吸，而蛹壳上面的呼吸器官却在身体的前方。我们通过观察昆虫的幼虫和蛹，可以发现它们在这两个阶段具有不同的身体特征，而且生活方式也有很大差别。

蝴蝶——昆虫中的“花仙子”

蝴蝶标本

蝴蝶的翅膀宽阔，颜色鲜艳，成为了吸引人们眼球的“利器”。全世界的蝴蝶种类有1万多种，这些品种大部分分布在美洲地区，以亚马逊河流域的品种数量最多。说到亚马逊河和蝴蝶，就不得不提一下“蝴蝶效应”了。蝴蝶效应就是在一个动力系统当中，在最原始的条件下，一丁点的变化都会带动整个系统发生长期且巨大的连锁反应。最根本的理解就是：蝴蝶翅膀的颤动，会导致身边的空气系统发生变化，产生微弱的气流，而这个微弱的气流会导致周围空气和其他的系统发生变化，因此引起一系列反应。如果想要了解其中的缘由，可以看看关于蝴蝶效应的电影哦！

蝴蝶以其优美的姿态让人喜欢。在世界各地，均有专业收集蝴蝶标本的人，一些大型的蝴蝶被搜集到一起，让人爱不释手。在美洲地区，人们观赏蝴蝶迁徙同人们观赏鸟类迁徙一样，成为了一项活动，引来很多人参加。中国人并不像其他国家的人一样，但蝴蝶自古就得到了中国人的喜爱，中国的诗人也很喜爱蝴蝶，并且他们创作了很多优美诗句，其中有李商隐的“庄生晓梦迷蝴蝶，望帝春心托杜鹃”，李白的“八月蝴蝶黄，双飞西园草”等，由此可以看出，蝴蝶是多么受中国人的喜爱。

采花粉的蝴蝶

蝴蝶最吸引人的地方就属翅膀上的图案了。它们多彩的翅膀不仅能让人大饱眼福，还具有很多不同的用途呢！提到翅膀的用途，有的人可能会说，除去飞翔之外，还能有什么作用呢？如果大家真的这样认为，那就大错特错了。蝴蝶五彩斑斓的翅膀可以用来伪装、隐藏和吸引配偶的注意。

位于中美洲到巴西南部地区的邮差蝴蝶，它的翅膀上有亮红的颜色，这种亮红色就是对袭击它的动物发出的一种警戒信号，告诉袭击者"我"是有毒的，吃掉我会让你痛不欲生，人们将蝴蝶这种信号的传递称作"警戒作用"。这种作用还被一些身体没有毒性的蝴蝶应用，从而让袭击者很难得逞。蝴蝶翅膀除去警戒作用外，还能伪装。这种作用在印度枯叶蝶身上表现得最为完美。它会落在树枝或地上的枯叶上，同树叶融为一体，此时只要它将两个翅膀并拢在一起，就能轻而易举地避免被天敌发现了。

蝴蝶的这些作用都是为了保护自己，一些蝴蝶没有这些特殊的作用，但还是会选择自卫的方式来保护自己。像线纹紫斑蝶，当有人捕捉它时，它的腹端就会向外翻出一对排攘腺，迅速喷出恶臭的味道，让捕捉了它的昆虫立即将它放开，从而避免遭到伤害。

蝴蝶的防御功能有多种形式，但是它们的发育过程却只有4个阶段，即卵、幼虫、蛹和成虫。蝴蝶产卵时会选择幼虫喜爱吃的植物叶子的表面，为幼虫准备充足的食物。蝴蝶的卵通常为圆形或椭圆形，在表面上附着有一层蜡质壳，这样就能很好地防止水分蒸发了，在卵的一端有一个细孔，是精子进入到卵细胞的通道。等到由卵变成幼虫后，幼虫会吃掉大量树叶，为蛹期准备充足的营养。处于幼虫期的卵形态多样，有的是肉虫，有的是毛虫。

蝴蝶的幼虫

幼虫经过几次脱皮后就会变成熟。等到幼虫成熟后，就进入到了蛹期。此时幼虫会寻找叶子的背面，用几条细丝将自己固定起来化作蛹，但不会形成茧。等到蛹成熟后，蝴蝶就会从蛹中出来，变成蝴蝶，此时的蝴蝶还不能飞翔，需要将翅膀晾干，等到翅膀变硬后才能飞翔。

草蛉——捕食害虫的昆虫

翠绿色的身体非常柔软，长着4只透明的大翅膀，头部有一双黑眼睛，眼睛附近就是两条长长的触角——你认识这种昆虫吗？它的名字叫做草蛉，是一种会捕食害虫的昆虫。每年夏天来临以后，大家漫步在田野或者郊外的时候，经常会看到这种昆虫从眼前飞过，它们那绿色的身体和透明的翅膀看起来还真漂亮呢！

正在捕食的草蛉

草蛉经常会停驻在植物的叶子上面，绿色的草蛉和绿色的叶子似乎连成了一体，有时候它们会不停地动着小脚，十分可爱，如果你喜欢上了它，打算抓一只，那么你可要考虑好了，因为你很可能会闻到一股臭味，这是草蛉为了保护自己而释放出来的气味，因此，最好还是远远地观赏它们吧！

既然说它们是捕食害虫的高手，那么它们究竟都吃哪些害虫呢？它们捕食的害虫可多了，其中包括棉铃虫、蚜虫、菜蚜、豆蚜等害虫，而且它们捕食的蚜虫数量大得惊人，我们还是慢慢地了解一下吧！

其实，捕食蚜虫的高手是草蛉的幼虫。这些幼虫被叫作“蚜狮”，它们长得一点儿都不漂亮，甚至可以用“丑陋”来形容，看起来和成年后优美的草蛉相差甚远，但是它们捕食蚜虫的时候却十分凶猛，那股劲头儿和动物界里的狮子不相上下，因此它们绝对配得上“蚜狮”这个称号！

蚜狮没有翅膀，只能到处爬行，可是它们却十分活跃，身体也很灵敏，出生以后就到处爬着找害虫吃。等找到目标以后，它们就张开上颚和下颚，把猎物紧紧地夹住，同时伸出下颚和下颚上那个可以让自己体内的消化液流到害虫身体上的细钩，来溶解害虫的身体，当害虫的身体组织开始溶解的时候，蚜狮就会把这些液体吸到肚子里。不一会儿一只害虫就被蚜狮消灭掉了，只剩下了一个空壳。蚜狮们就利用这种方式横扫敌人的“千军万马”，“战绩”非常辉煌——一只蚜狮每天可以吸食百十只蚜虫！

大约两个星期以后，蚜狮就会发育成熟，这时它们不再吃害虫了而是选择一片叶子并在叶子背面织一个珠形的丝茧，然后自己在里面变成蛹，慢慢地进行生命中重要的变态过程。有时候，草蛉会把变态时候的地点选在树皮下、卷皱的叶片上、枝杈之间，以及墙缝里。这个过程和它们捕食害虫的时间差不多，大概需要14天左右；不过这个时间也不是固定不变的，有些草蛉可能需要八九天；另外，如果草蛉在过冬之前变成了蛹，它就会在里面待上差不多半年多的时间。

草蛉在蛹里面发育成熟出来的这个过程被叫作羽化。它们出来的时候会用头把茧顶部的一个小圆盖顶开，从里面慢慢地爬出来，接着再过2～5分钟后便脱去身体上的一层透明胶质膜，这时它们还没有完成变态的过程呢！大约再过10～15分钟，草蛉会全身扭动、爬行，这时它那透明的大翅膀终于慢慢地展开，可以飞翔了。

不过，草蛉变态成功以后，会首先做一件事情——排出体内的粪便。这是为什么呢？原来草蛉的幼虫身体里的消化道和直肠并不相通，所以这些粪便都积存在体内了，所以变为成虫以后，它的消化道和直肠也通了，必须首先把体内的垃圾清理出去了。

做完了这些工作以后，草蛉就飞翔在草木之间，寻找食物，但是这个时候，有些草蛉不再吃害虫，而是吸食植物的花粉和蜜露，比如亚非草蛉和中华草蛉；有些草蛉还继续捕食害虫，例如丽草蛉和大草蛉等。

当草蛉成虫成熟以后，雄草蛉和雌草蛉就可以交配了。虽然草蛉一生中只交配一次，但是它们却可以多次产卵。草蛉的卵可是很特殊的。大部分的草蛉卵都有一条长长的丝柄，柄的底部牢牢地固定在植物的叶片上啦、树皮上啦、枝条上啦，而卵则高高地悬挂在丝柄的顶端。这样，草蛉的卵就不容易受到其他昆虫的侵袭了。草蛉多聪明啊！

草蛉的卵大概经过3～4天就会孵化出来了，小幼虫们刚从卵里出来以后，会在卵壳上停留30分钟或者两个小时，它们这是在等待自己的身体变硬、变结实。然后它们灵巧地顺着卵上那条细细的丝线爬到植物上，开始四处寻找害虫吃了。雌草蛉非常明智，大多数情况下它们在产卵的时候会把地点选在蚜虫密集的植物上，这样等它们的孩子出生以后就有大量的食物可以吃了。妈妈们为自己的孩子考虑得这么周到，可真是用心良苦呀！

苍蝇——爱吃杂食的昆虫

趴在食物上的苍蝇

苍蝇是我们最常见的昆虫之一了。每年夏天到来的时候，它们会成群结队地出现，在空中嗡嗡地飞着，那种声音让很多人都感到厌恶；它们时常还会爬到我们的胳膊上、脸上、腿上，总之是身体的各个地方，弄得我们感到痒痒的，想拍它们又拍不到，真是没办法！还不止这些呢！这些苍蝇会爬到我们的食物上，搞得我们看到它们几乎就没有食欲了。说起苍蝇，它们让人讨厌的地方似乎总也说不完。可是这些小东西也并不是那么的一无是处，我们一起来了解一下它们吧。

苍蝇一生需要经过4个时期：卵、幼虫（蛆）、蛹、成虫，并且它在每个时期的样子都不同。

苍蝇的卵是椭圆形的，还有的看起来像是香蕉，不过都是乳白色，大约有1毫米长，因此只有在放大镜下面才能够看清楚它们。这些卵壳的背面都长着两条嵴，而且嵴之间的膜最薄，这是为了方便幼虫从这里钻出来。苍蝇产卵以后，大概需要8～24个小时，幼虫就会孵化出来了。这些幼虫出生以后就开始吃食了，它们几乎什么都吃，但是因为大多数苍蝇都出生在粪便里或者动物尸体上，所以它们经常食用粪便或者动物的尸体以及其他腐烂发酵的食物。

苍蝇的幼虫大概需要经历3个阶段，我们称之为3个龄期。处在第一个龄期的幼虫身长大约有1～3毫米，而且只有一个后气门。它脱皮以后就进入了第二个龄期，这时它的身长也发生了变化，长到3～5毫米了，并且它的身体上长出了一个前气门，后气门变成了2裂。过一段时间，幼虫就会脱皮进入这个阶段的最后一个龄期，它也由原来的3～5毫米增长到了5～13毫米，我们用肉眼也能够看清它们了，而且它的气门也发生了变化，前气门没有变，后气门变成了3裂。在这个过程中，幼虫的颜色也在发生着变化——逐渐由透明、乳白色变成了乳黄色。

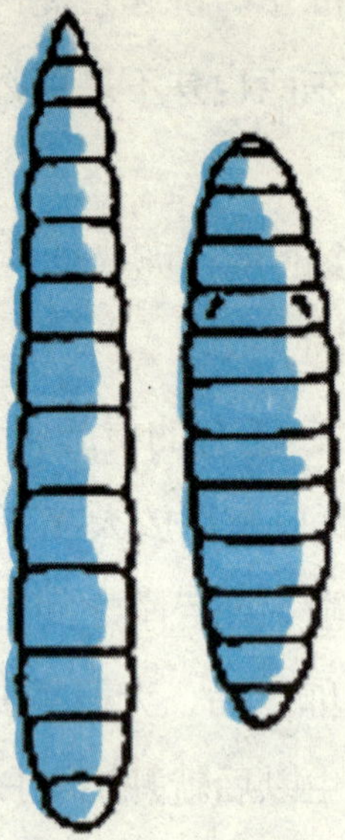

苍蝇的幼虫和卵

这3个龄期结束以后，幼虫就变成了蛹。这些蛹看起来就像是一个个长5～8毫米的小圆桶，因此它们又被叫作围蛹。蛹的颜色也会变化，逐渐由浅变深，最终变成栗褐色。在这个过程中，蛹壳里面在发生着神奇的变化——它正在进行着变态过程，当苍蝇的雏形形成以后，它便进入羽化阶段了。在羽化的过程中，苍蝇会利用头部一个叫额囊的部位不断地膨胀和收缩，这样它就能够把蛹壳顶开然后从里面爬出来了。

刚刚爬出蛹壳的苍蝇并不能飞行，它会安静地待上一段时间，然后慢慢地爬行，接着伸展开身体，张开翅膀，等身体变硬以后，它才会飞翔。如果不经历这个过程，它就不能飞翔，也不能采食，同时也没有繁殖的能力。通常情况下，苍蝇的羽化过程需要2～24个小时。

成年后的苍蝇身长在5～8毫米左右，身体是灰褐色的，眼睛是暗红色，需要说明一点，苍蝇也长了一双复眼。

这些苍蝇开始飞来飞去，到处寻找食物吃。它们可是几乎什么口味的食物都吃，酸的呀、甜的呀、香的呀、臭的呀，差不多都是它们的最爱。苍蝇在吃食物的时候，有一个独特的习惯，就是一边吃一边吐，这是因为它们在吃食物的时候需要吐出嗉囊液来溶解食物；另外，这种习惯还可以帮助它们在吃食的时候把细菌排出来。

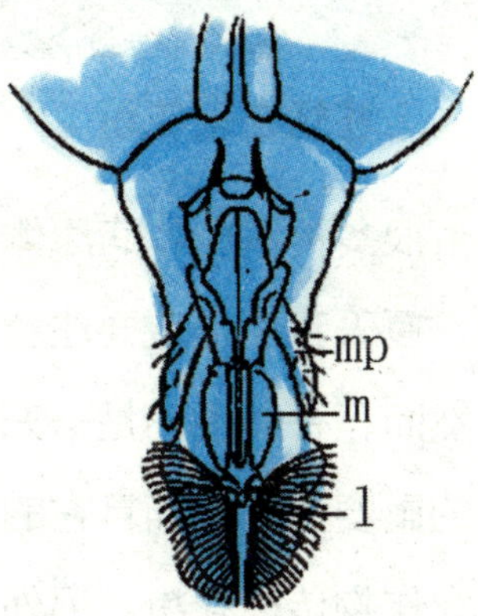

苍蝇的口器（mp.为触须，m.为上颚，l.为张开后的舌头）

苍蝇羽化以后大约经过30个小时就能够交配了，它们交配的时候也会选择时间段，通常早上5:00～7:00是它们交配的高峰时间段。交配以后，雌苍蝇就会产卵，它们通常把产卵的地方选在人类和动物的粪便里，腐败的动物尸体里，腐败的植物里、垃圾堆里以及污水里，总之似乎哪里脏，它们就会把卵产在哪里。

苍蝇在采花粉

苍蝇身上总会携带着很多种细菌和病原体，时常会传播霍乱、伤寒、痢疾等病症。因此，夏天我们一定要注意保管好家里的食物，别让苍蝇给“污染”了。然而，苍蝇也不是一无是处，它的幼虫在生态系统中担当着植物分解的重要作用，而且它的成虫喜爱吃甜食，所以有时候会和蜜蜂一样给农作物传播花粉。另外，苍蝇的幼虫含有丰富的蛋白质可以用来做饲料和钓鱼时的诱饵。

瓢虫——爱吃蚜虫的昆虫

瓢虫的颜色鲜艳，身体圆圆的，长着斑点，看起来还挺可爱。但是，它们“穿着”一个坚硬的外套，使它们看起来很笨重，真是很难让人相信它们会飞行。千万不要怀疑瓢虫的飞行技术，它们可是名副其实的飞行专家，我们都知道“人不可貌相”，同样也不要看到昆虫的外表就对它们产生偏见。你不相信吗？下次等

展翅欲飞的瓢虫

你遇到一只瓢虫的时候，可以认真地观察一下：当它想要飞行的时候，它那对精致的小翅膀会从外套下面伸出来，然后疯狂地舞动，接着就飞起来了，越飞越远，当你还没有缓过神儿来的时候，它早就已经消失在你的视线里了。

可是在哪些地方瓢虫最常见呢？去公园或者花园吧！如果条件允许的话，你还可以去果园或者田野。瓢虫喜欢游弋在花草之间捕食蚜虫。当然了，我们这里说的是那些对我们有益的瓢虫，还有些瓢虫属于害虫，我们就暂且不提它们了。除了蚜虫之外，瓢虫还会捕食任何肉质软嫩的昆虫，但是蚜虫始终都是它们的最爱。瓢虫会主动飞翔着去寻找食物，当它搜索到目标以后就停下来，美美地饱餐一顿了。

瓢虫的幼虫也十分喜欢吃蚜虫。这些幼虫每天都爬行在植物上，除了寻找蚜虫吃以外，几乎没有其他事情可以做。于是，它们几乎每天都在疯狂地捕食蚜虫，相信蚜虫们看到瓢虫的幼虫以后会胆战心惊吧！时间慢慢地过去，幼虫的个子不断长大，而且它们的胃口也在变大，吃进肚子里的食物越来越多，它们的身体也越来越大、越来越圆，而且颜色也变黑了。在幼虫的身体上长着鞘翅，上面有斑纹。在这个阶段，瓢虫的幼虫会经历5～6次脱皮的过程。它们每脱皮一次，个子就变大一些，一直到它们积蓄了足够的能量准备进入变蛹的阶段。

当瓢虫即将变蛹的时候，它就会寻找一个安全的地方，然后把自己悬挂在叶片下面，这个时候的它身体稍微拱起来一些，也不再吃食了，而且一动也不动，但是它们的体内却在进行着强烈的重组过程。

瓢虫真正变成蛹的时间很短，通常只需要几秒钟的时间就可以完成了，通常很难被观察到。

经历了一番惊心动魄的脱胎换骨过程之后，一个面貌一新的昆虫就出现了，这就是我们时常见到的瓢虫了。但是，刚刚从蛹里面出来的瓢虫身体十分柔嫩，还没有完全发育成熟，它需要被阳光照射同时吸取氧分，然后它的身体颜色会逐渐变深，斑纹也会慢慢地露出来了。几个小时以后，它就会变态成功，可以自由地在花园里飞来飞去，捕食蚜虫了。

正在捕食的瓢虫

再过一段时间，雌瓢虫交配之后就会产卵。它们通常会把卵产在蚜虫经常出现的地方，这样它的孩子们出生以后就会有足够的食物吃了。瓢虫妈妈也真伟大呀！为自己的孩子想得这么周全。瓢虫的卵通常都是红色或者亮黄色的，它们就暴露在外面：卵的一端粘在植物的表面或者其他物体上面。过2～7天，瓢虫的小幼虫们就都孵化出来了。这些刚出生的小幼虫经常会把身边的蚜虫吃个精光。

瓢虫的生命周期很短，通常只有4个星期的时间。可是它们的生命虽然短暂，却给我们消灭了那么多的蚜虫呢！大家再遇到瓢虫的时候，一定不要伤害它。然而，正如我们在前面介绍的那样，瓢虫里面也有害虫。那么，哪些瓢虫是我们的敌人呢？只有名字分别叫作十一星瓢虫和二十八星瓢虫的才是我们的敌人。此外，还有一个简单的方法可以帮助我们区分哪些瓢虫是益虫，哪些是害虫。如果瓢虫的鞘翅表面很光滑细腻，并且看起来亮晶晶的、闪闪发光，那么它就是益虫；但是如果它的鞘翅表面长着许多细绒毛，那它就是害虫了。

可爱的瓢虫玩具

蚕——爱吃桑叶的昆虫

蚕可是人类的好朋友！它们原产于中国，早在很久以前，智慧的中国人就开始饲养蚕，并用它们做的茧织成丝绸了，而且中国的丝绸一直都非常受欢迎。那么蚕究竟长什么样子呢？它的身体白白胖胖的，看起来非常干净，十分惹人喜爱。它们喜欢吃桑叶，这些蚕宝宝不断地吃呀、吃呀，身体越长越大。一段时间之后，蚕宝宝们就不再吃桑叶了，这时就到了脱皮的时候了。它们脱皮的时候会有大约一天的时间不吃东西也不动弹，好像睡着了一样，人们把这个现象叫做“休眠”。

等蚕宝宝脱过一次皮之后，它就长了一岁，变成了二龄幼虫。蚕宝宝每脱一次皮就会长一岁。一只蚕宝宝需要经历四次脱皮，成为五龄幼虫。这个时期的蚕宝宝差不多已经快要完全长大了。成为五龄幼虫的蚕宝宝再吃8天桑叶就变成了熟蚕，这时，它就开始吐丝了，用又白又长的蚕丝把自己紧紧地包裹起来。这可是一个漫长的过程，它需要两天两夜的时间，才能把茧织好。

如果你认为蚕宝宝的动作太慢的话，你可就错了！你能想象吗？那么小的一只蚕宝宝吐出来的丝居然可以抽到1.5千米长呢！这是多么庞大的一个工程啊！蚕宝宝会躺在茧里面完成最后一次脱皮的过程，并变成蛹。

变成蛹以后，大概需要10天的时间，蛹就可以羽化成蚕蛾了。蚕蛾从茧子里面出来以后，雌蚕蛾的尾部会释放出一种气味，用来引诱雄蚕蛾与自己交尾。当它们成功交尾以后，雄蚕蛾就会死去，而雌蚕蛾会用大约一晚上的时间产卵，它大概可以产500只卵，然后雌蚕蛾也就慢慢地死去了。蚕的一生也就结束了。

正在吃桑叶的蚕

蚕的卵非常小，看上去很像是小小的芝麻粒，它太小了，只有约1毫米宽，0.5毫米厚，大约1700～2000粒蚕卵的重量才只有1克重！

蚕卵刚产下来的时候是淡黄色或者黄色的，经过1～2天之后，它们就变成了淡赤豆色，然后又会转变成赤豆色；再经过3～4天，蚕卵的颜色又变了，它们转变成了灰绿色或者紫色。以后这些蚕卵就不再变色了。蚕卵的外层是坚硬的卵壳，卵里面就是卵黄和浆膜了。这些卵会不断发育成长，慢慢地就发育成蚁蚕了。这些蚁蚕长大以后就从卵壳里面爬出来了，而卵壳的颜色也就变成了白色或者淡黄色。

蚁蚕全身都是褐色或者黑色的，看起来非常细小，身长大约在2毫米，身宽大约在0.5毫米，有点像蚂蚁，所以就被叫作蚁蚕了。蚁蚕出生以后经过2～3个小时就开始吃桑叶了。然后它们不停地吃桑叶，然后快速地成长，于是新一代的蚕就诞生了，并且很快它们就开始了另一轮的生命过程。

蚕的生长过程很神奇吧？它们还有一个小秘密呢！那就是雄蚕不仅吐出来的丝要比雌蚕多，而且它们吃的桑叶也要比雌蚕少。读完了蚕的故事，你是不是已经喜欢上这种小昆虫了呢？

蚂蚁——昆虫中的建筑大师

蚂蚁是我们最为熟悉的昆虫了，无论在什么地方，我们都能找到它的身影。它的家族甚至庞大到人类不能想象的程度。在这样庞大的家族中，蚂蚁的分工是非常明确的，因此蚂蚁属于社会性生活的昆虫。不仅如此，蚂蚁抵御自然灾害的能力还非常强。当发生洪水时，蚂蚁可以在水中生活两周左右而不被淹死。

小蚂蚁正在寻找食物

蚂蚁是社会性生活的昆虫，自然要建造适合自己居住的巢穴了。在蚂蚁家族中，负责建造巢穴的一般是工蚁。并不是所有的蚂蚁都会选择在地下建造巢穴，一些蚂蚁也会选择在地面上建造巢穴，其中一种生活在沙漠中的蚂蚁的巢穴就建立在地面上，这些巢穴远远看去就像是一座城堡，整个巢穴高达4.5米呢！

但一般的蚂蚁还是会选择在地下建立巢穴，它们建立的巢穴分为很多房间，不过每个房间的用途是不一样的，这些地下的巢穴有很好的排水和通风系统，巢穴中最大的房间是给蚁后居住的。整个巢穴的交通非常发达，而且安全舒适。整个蚁穴冬暖夏凉，食物存储在里面也不会坏掉。在巢穴出口的地方会有一堆隆起的土堆，同火山口较为相似。此外，整个巢穴还建有通风口，以保证整个巢穴内通风畅通。看完上面的介绍，大家是不是要惊叹了？！蚂蚁的建造本领真是太强大了，就是最棒的建筑师在它们面前也逊色不少呢！

蚂蚁巢穴出口

大家现在是不是要惊叹蚂蚁小小的身体所具有的能量了呢？先不要惊叹，等看完下面的文字再惊叹！据力学专家测定，一只小蚂蚁能举起相当于自己身体重量400倍的东西，还能拖运超过自己身体重量1700倍的物体。从力学角度来说它们的确可以被称作大力士了。

拖运树叶的蚂蚁

那从它的身体结构来说呢？蚂蚁的身体很小，只有0.5～30毫米的长度，体色主要有黑色、红色、白色和黄色，它的体表具有弹性，有的光滑无毛，有的长着细毛。头上长着触角，呈膝状弯曲着；嘴巴内有咀嚼器，上颚较为发达；腹部有1～2节为结节状，一般没有翅膀。前足的距离比较大，呈现梳状，被称为净角器，用来清理触角使用。此外，蚂蚁一共长着6条腿。

蚂蚁为完全变态昆虫，一般发育要经过卵、幼虫、蛹、成虫4个阶段。蚂蚁刚刚孵化出来时同成虫的蚂蚁差距较大，现在我们就一起来看看它是怎样发育的。

蚂蚁在交配后，雄蚂蚁不久就会死去，雌蚂蚁的翅膀也会脱落，之后雌蚂蚁就会寻找合适的地方挖坑产卵。蚂蚁刚产出来的卵较小，一般只有0.2～0.9毫米，形状为颗粒状，但也有长形、圆柱形和卵圆形等，颜色为白色、乳白色或淡黄色。在将要孵化成幼虫之前，会变为透明的淡白色，表面非常光滑。但是不管什么形状的卵，结构都是相同的，主要由坚硬的卵壳、卵黄膜和细胞核组成。

蚂蚁刚孵化出来体长有0.4～0.5毫米，没有脚，看上去很像蛆，身体前面比较细，颜色为透明的玉色或者乳白色，体表多生长着细毛。孵化出1～2天后，腹部逐渐膨大，能看见其中淡褐色的物质，等到腹中的褐色物质消失后，体色变成乳白色，进入到预蛹期。等到幼虫成熟后，不仅会停止进食，还会将体内残存的食物全部排出，之后到隐蔽的地方准备化成蛹，此时它们的身体发生剧烈变化，脱去幼虫期的老皮，化成蛹。

在蛹期，它们的内部器官会发生巨大变化，幼虫时期的器官全部被新的器官所替代。初期的蛹为乳白色，长度在2.6～5.5毫米。此时它的头、胸以及腹部有明显的界限，触角和足的附肢弯曲排列在胸前，后期头和胸以及附肢会变成淡黄色，腹部变成褐色。之后蚂蚁就破蛹而出，变成成虫了。只不过在不同温度下，蚂蚁发育期的长短不尽相同。温度在29.4℃时，蚂蚁从卵发育到成虫时期需要33天左右，当温度降到25℃时，这个过程要拉长到48天。

小蚂蚁们正在采花粉

第7章 昆虫幼虫和它的适应性

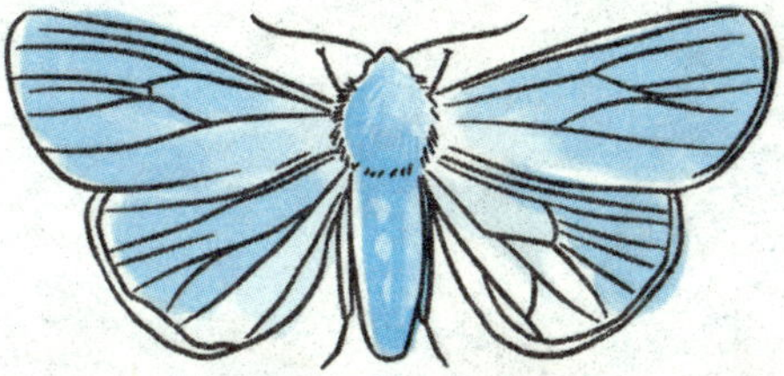

正在休息的飞蛾

一只黑油虫趴在石头上面

趴在植物上的大蚊子

就如我们在前面提到的一样，在昆虫经历的一个完整的转变过程中，内部会发生巨大的变化，其中包括组织的分化与重组，当然这会因为类别的不同而有所差异。

甲壳虫趴在石头上

内生翅昆虫是一个大家族，其中又分为不同的种类，并且不同种类的成员在变态的时候会有所差别：有些昆虫的身体结构自始至终基本保持不变，还有些昆虫的身体结构则会发生巨大的变化。举个例子来说，鳞翅目毛虫的基本特征是非常相似的。但是不同种类的甲壳虫的蛆，却会在转变过程中呈现各种各样的变化。现在我们就详细地解说一下吧！

甲壳虫作为昆虫类中一个典型的纲目，我们发现，它们都有着突出且高度统一的几丁质的角质层，这些角质层以一种恰当的方式巧妙地组合在一起，这不得不使我们感到惊叹。而在一些甲虫的家族中，幼虫就已经具备了完整的几丁质外壳。仔细观察，我们会看到，幼虫的长腿界限分明，而且上面长着很多刺，它的背部和腹部等身体的主要部分都被坚硬且稳固的角质层覆盖着。但是就像毛毛虫和蝴蝶一样，甲壳虫的幼虫和成虫之间也有着很大的不同。

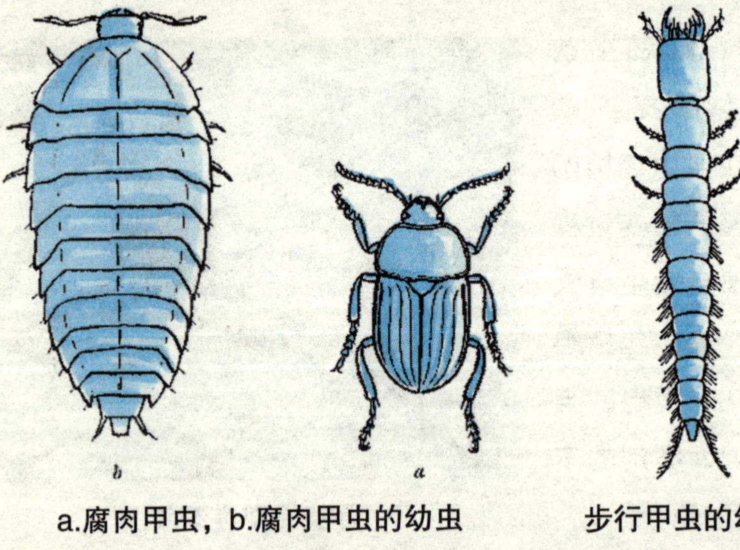

a.腐肉甲虫，b.腐肉甲虫的幼虫　　**步行甲虫的幼虫**

所有甲壳虫幼虫的腿部结构都很简单，在它们的膝盖下方，胫骨和脚已经合为一体，形成一个小节段。然而成年的甲壳虫的胫骨下面却长有5个、4个或至少3个明显的跗骨。一只成年的甲壳虫在它脚趾的尖端还长有两个钳子，然而绝大多数甲壳虫幼虫的脚趾只有一个钳子。例如，由肉食亚目组成的陆地食肉甲壳虫和水栖甲壳虫，这些甲壳虫的幼虫和成虫一样脚趾上都长着两个钳子。

一些食肉甲壳虫的幼虫，特别是那些水栖的食肉甲壳虫，整个身躯和腿部都被甲壳保护着，它们时常会捕食蝌蚪和幼鱼。更常见的是我们十分常见的地面甲壳虫，它们的角质层并不是我们一贯认为的由坚硬、稳固的骨片分段交替排列，而是一块相当大的角质层，这样能让身体具有一定的柔韧度。多数食肉甲壳虫的幼虫在第九个腹部节段上拥有一对坚硬的突起物，这些昆虫同一般认为的鬃毛属的昆虫极其相似，因此被称作蜗型幼虫。诸如此类，从这一系列的特征我们就可以追溯到甲壳虫的幼虫，而且幼虫与成虫之间的差异也会越来越明显。

游行的小蝌蚪

人尽皆知的铁线虫是叩头虫的幼虫，它们会吃庄稼的根部，而且全身都被甲壳武装着。这些铁线虫的身体为长形、圆柱形或蠕虫状，腿相对较短，这种身体结构对它们的生存非常有利，让它们能够快速地在土壤中自如地穿行。甲壳虫家族的另一成员金龟子的幼虫也依靠吃食植物的根生存，但是它们的生活习性同铁线虫的生活习性比起来，显然不如后者活跃积极，并且通常金龟子的幼虫的身体比较健壮而且上面的角质层较薄，同时显得苍白、柔韧性较好，只有头部和腿上的角质层较为坚硬。

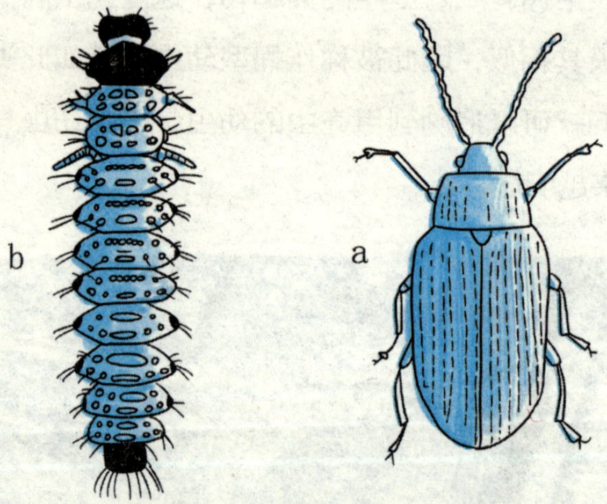

a.柳叶甲，b.柳叶甲的幼虫

通过上面显而易见的对比，我们可以得知任何一只幼虫的外在形态都与它的生活方式有很大的关联。举个例子来说，叶甲科科属中的幼虫，它们有的以绿叶树和香草为食，有的则会挖洞进入到植物的组织中去吃食。在这个科属的甲虫幼虫中，我们见得最多的是被称作柳兰叶甲的幼虫，它们的身体有些短而且分成了几节，同时被数不清的长刺和坚硬的结节保护着。但是有一些跳甲属的幼虫的身体上就没有这种坚强的保护盾，它们在里面生活吃食；同样油菜兰跳甲的幼虫也没有长着坚硬的保护盾，它们的身体又软又苍白像是柔弱的毛毛虫，这些幼虫在植物茎秆上打洞生活。

a

b

a.甘蓝跳甲，b.甘蓝跳甲的幼虫

木蠹虫的幼虫以及一些蛛甲科成员的幼虫——包括那些在我们的旧家具中打洞时声响很大都能够被我们听到的幼虫，都长着短腿和小脑袋同时它们身体上的角质层颜色很白，摸起来软软的。腿明显缩小的这个特点在天牛科甲虫的幼虫身体体现得也非常明显，这些天牛科甲虫的幼虫在树木的枝干或伐倒树木的树干内挖洞居住起来，因此它们的腿已经退化得几乎看不到了。

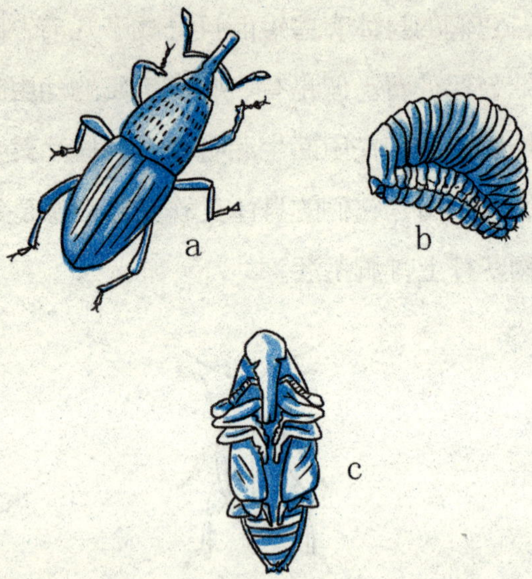

a.谷类象鼻虫，b.谷类象鼻虫的幼虫，c.谷类象鼻虫的蛹

最后的一个大科目是象甲科和小蠹科，它们的幼虫以地下掩埋的树根和茎秆组织为食，此外也会采食树叶或种子，它们还会在树皮的下面挖隧道，但是这些幼虫没有腿。在这些幼虫原本应该生长着腿的地方只有一些微小的结节，这些结节在告诉我们它们的腿已经完全退化了。

事实上，指出几个科属的甲壳虫身上发生重大转变的人是布劳尔。他告诉我们，有少数几种甲壳虫的第一幼虫龄期是蜗型，随之而来的龄期是蠕虫型。一些甲壳虫的虫卵只需1分钟的孵化时间，就能变成披甲的幼虫，之后会长出长长的触须、腿和尾须，然后它们就可以行动了。

我们来看一个例子，这个例子最先是法布尔举出来的，后来博勒加德又对它做了详细的描述。有一只刚刚提到的这类甲壳虫的卵孵化出了一只小幼虫，它的身体被“小盔甲”保护着，长着长长的触须、腿和尾须。比如，它的任务就是抓到一只蜜蜂，好让蜜蜂带着自己去蜂巢。后来它成功了，顺利地进入了蜜蜂的巢穴，并在那里安适地生活着。这个不速之客在蜜蜂的巢穴里完成了第一次脱皮的过程，进入了第二个龄期。此时，它的背上的角质层变得很软，同时它的脚也变短了，不错，它变成了一只幼虫并过上了寄生的生活——肆无忌惮地吃着蜜蜂辛辛苦苦酿好的蜂蜜。不久以后，它的身体再次发生了变化，变得更短了。再后来，它的腿全部都消失了，接着它就不吃东西了，只是休息。在幼虫变化的最后一个阶段，它又会像第二个阶段一样长出一点腿。纵观它整个的生活史，我们应该注意到，在新孵化出来的幼虫周围，并没有适合它生存的食物。因此刚出卵壳的甲壳虫幼虫需要长出坚硬的角质层，并且非常积极活跃，这样它才能够到达食物充足的地方。由此可见这种幼虫的身体结构是为了帮助它完成这次特殊的“任务”而生的。

总之，我们完全可以认为幼虫特殊的身体形态是为了适应特殊的生活环境。内生翅类昆虫家族的其他成员也可以给我们提供例证来证明这一点。蜗型相对来说是比较不常见的一种形态，大多数脉翅目的幼虫就属于这个类型，它们是一种较为活跃，身带披甲且长着长腿的生物，尽管缺少尾部进化的过程，但是经常会被与相似的甲虫类幼虫联系在一起。例如，在其他国家，被称为“蚁狮”的草蛉的幼虫以捕食小昆虫为生，它们在走路的时候总会在沙地上留下很多小坑，足迹遍布很多地方，其中的一些幼虫还是在遥远的北方发现的，甚至远至巴黎。我们本土的蚁蛉幼虫是褐蛉属和草蛉属昆虫的幼虫。它们经常会到寄生着绿蝇的植物上寻找食物，发现绿蝇以后，就利用它们带有沟壑的锋利下颌骨刺穿它们，并吮吸它们身体内的汁液；有时候它们还会利用被它们吸光汁液的昆虫的壳给自己做一件衣服。这些昆虫的成虫都长了一张锋利的嘴巴能够吃坚硬的食物，可是幼虫的嘴巴却很纤细，并且上面有一些沟槽只适合吃一些流食。

蝴蝶和它的蛹

接下来我们认识一下毛虫状类型的幼虫。那么毛毛虫长什么样子呢？它的身体细长而且呈圆柱状，上面长着一层柔软的表皮，胸足很短，并且腹部长着很多腿，这就是毛毛虫了。这些毛毛虫通常都是蝴蝶或者飞蛾的幼虫，并且它们组成了一个庞大的鳞翅目昆虫；另外，来自膜翅目的锯蝇的毛毛虫也差不多是这种样子。大多数毛毛虫以植物上的树叶为生，它们的身体像长蜗杆，长着一对前爪，这种身体特征让它很容易适应自己的生活环境，它可以在树枝上和树叶的边缘爬来爬去，到处寻找食物。对于毛毛虫来说吐丝是最重要的一种能力，它们把吐出来的丝与一种特殊的分泌物织在一起。

在同一个灌木丛中，我们经常会看到蛾类的毛毛虫同锯蝇的毛虫在一同进餐。我们国家的鳞翅目的毛毛虫身上的前腿从来没有超过5对，它们分别长在身体的第三、四、五、六和第十节的腹节上面。此外每条腿上还长着小钩子，排列成圆形或新月形，以此来帮助毛毛虫牢牢抓住自己要吃的植物。而膜翅目的锯蝇的幼虫长有8对前腿，这些前腿从它的第2个腹部节处开始生长，但是它的8对前腿上面并没有小钩子。我们观察到在鳞翅目中，尺蠖科尺蠖毛虫的前腿数量减少了——它只有两对脚，分别长在身体的第六、第十个腹部的关节处。因此，尺蠖的幼虫只能用胸膛和腹部的后半部分“抓住”地面，然后身体的中间部分最先拱起来，这样它的身体就弯成了一个拱形，它就通过交替做伸展和弯曲的动作带动身体前行。

a.红虎蛾的幼虫，b.红虎蛾的茧，c.红虎蛾

身体十分柔软的毛毛虫就趴在植物的叶子上吃食，很容易被攻击它们的敌人发现。因此它们保护自己的方法还真值得人们花费时间去研究。毛毛虫的毛发或者叫脊椎就暴露在身体表面，并且我们本土的老虎蛾或枯叶蛾的幼虫不用变成蛹就能够度过严寒的冬天，它们身上长了一层浓密的毛发，这真有趣。实验表明，鸟类和其他生物非常讨厌吃身体表面生长着绒毛和刺的毛毛虫，它们更喜欢捕食身体表面光滑的毛毛虫。而这个结论差不多也是在我们的预料之中的。然而一些身体表面光滑的幼虫为了保护自己会喷射出一些让人作呕的分泌物，从而让捕食者因为这种恶心的味道而放弃对它的捕捉。这样的幼虫有很多，像我们熟悉的奶油黄同黑色混杂在一起的醋栗尺蛾就是一个显著的例子，这就是我们通常所说的警戒色。虫子们在利用这些颜色告诉那些潜在的敌人自己并不好吃，而那些曾经试图捕食它们的鸟类和其他昆虫也会因为遭过一次罪而远离这些虫子。另外，那些鸟类喜欢吃的虫子通常会利用保护色来自卫，它们身体上的颜色与生活周围的颜色很相似，而且都知道躲在哪里可以避开危险的敌人。很多这样的昆虫都是绿色的，因为它们的上表皮暴露在阳光下，所以就要比隐藏在下面的部分暗多了！当毛毛虫长得大一些时，绿色部分就会被一些暗淡的白线所替代，比如就像夜蛾身上会出现纵线和天蛾身上会出现斜线一样，这样可以让它们处在某一个环境时，极不容易被发现。比如我们在前面提到的尺蠖毛毛虫就是一个保护自我的很好证明。很多昆虫的体色或形状跟它周围的环境十分一致，有的看起来像树枝，有的看起来像它们的食物，而它们身上的结节与植物的茎很相似。曾经就有昆虫家证明，很多毛毛虫在它们的幼期，跟自己周围环境的颜色很相似。比如它们栖息在植物的叶子上或者嫩枝上的时候，才孵化出来时通常就是绿色的。而当它们所在的环境变为红棕色的树枝时，相应的它们的体色也就会成为红色或棕色甚至是略带点黑的。其实，这是由周围的环境在阳光的照射下反射出来的光造成的，但是当它们再大一些时，这种跟随环境变化的敏感性就会降低甚至会消失，因为这预示着它快要迎来自己的蛹的阶段了。

我们常常将鳞翅目类昆虫大家族的成员看作是比较低级的昆虫。它们的幼虫通常都会在隐蔽的环境中长大，比如木蠹蛾的大幼虫会在树木上挖洞，而且它还会一边挖洞一边吃挖出来的木屑。除了这些有趣的现象之外，我们还会发现有一些小虫子喜欢在树叶上打洞，并且它们还很喜欢吃叶子上的软组织，经过它们的不懈努力，叶子的上面就会留下一些弯弯曲曲的窄条痕。而衣蛾的幼虫还有一项很特殊的本领，那就是利用分泌物给自己制作衣服——织茧，它会把自己吐出的丝与木屑紧紧地连在一起，这样就能给自己做衣服啦。除了这些，它们可以在羊毛或者毛皮上自由地来去，而且衣物也是它钟爱的美食。

衣蛾幼虫的生活习性让我们很自然地想到了它们的同属——石蚕幼虫在水中的生活情况，因为石蚕幼虫在生活习性方面与鳞翅目类的昆虫有很多相似的地方。通常来说，石蚕的幼虫都很像毛毛虫，但是它们的胸足发育都很完好，并且身上还带有带钩子的尾状附属物；它们会利用身体上带钩子的尾状附属物把自己与那个奇怪的“家”连在一起，有些石蚕的幼虫在生命早期的时候，腿都非常长，而且看起来呈蜗型。还有些石蚕会一直保持蜗型，结茧以后也不会完全把自己包起来。不同的石蚕结茧的方式也不同。有些石蚕把自己与水中的水草紧紧地连接在一起，有些会把植物当作自己的庇护所，还有一些会利用一些小石头保护自己，它们会利用这些东西铸造坚实的墙壁，另外一些石蚕则会紧紧抓住一些水蜗牛壳，有时候这些蜗牛壳里面还有“居民”，并且这些“居民”会把它们带到一些石灰石里面，足以保证它们的安全。石蚕幼虫用来固定房子的丝是从纺线体里面分泌出来的。

栖息在叶片上的蜗牛

双翅目小家族的昆虫幼虫都没有长脚。这个小家庭的其中一个分支——大蚊子家族的成员们都长着大脑袋和强有力的颚。有一种大蚊生活在地下，它们的幼虫依靠吃植物的根生活。有时候它们还会在腐烂的萝卜或者一只大真菌里面“安家”。有一个学生在研究它们的时候发现，这些幼虫的身体上都长着比较粗糙的角质层。经过进一步研究他还发现这些幼虫在变态的时候，气孔的位置会发生巨大的变化，幼虫的尾部有一个大气孔，而在它的前胸则有一对小气孔，并且等幼虫发育为成虫以后，它前胸的这两个气孔就会关闭不用了。

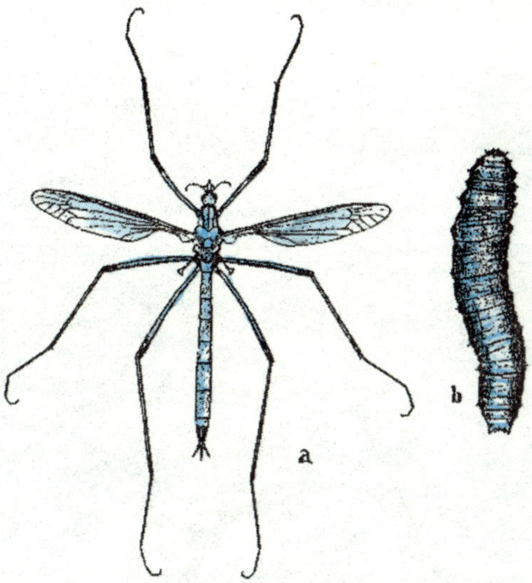

a.大蚊，b.大蚊的幼虫

现在我们来认识一下苍蝇。我们对家蝇非常熟悉，所以就不再对它进行详细的介绍，不过有一点我们需要知道那就是家蝇的幼虫和成虫在外形上差别非常大。大锯蝇的幼虫生活在树木里面，它们在那里打洞、吃食；这些幼虫长着比较大的脑袋，身体有些平坦，尾部很突出，而且腿非常短。大锯蝇的雌性成虫长着一个精致漂亮的产卵器，它在产卵的时候会用产卵器切开植物，把卵产在里面。瘿蝇在产卵的时候也会把植物的组织切开，然后把卵产在里面，这样瘿蝇的幼虫一出生就能生活在一个安全并且有充足的食物的地方。当然了，那些被这些昆虫选中作为产卵地的植物会受到很大的伤害。姬蜂蝇和它的同类则会把卵产在其他昆虫的幼虫身体里面，让它的后代在那里吸取受害者体内的营养。这个家族中还有一小部分成员非常喜欢把卵产在其他昆虫的卵里，让它们的后代在那里汲取营养。

黄蜂的巢穴

黄蜂、蜜蜂和蚂蚁的雌性成虫身上的产卵器看起来都像是一个尖尖的刺，这些刺可以为它们的幼虫提供食物和营养。挖掘类的黄蜂会到处寻找毛毛虫、蜘蛛和其他昆虫，找好目标之后，就用这根刺把它麻痹，然后把麻醉后的昆虫弄到卵的一旁，这样新出生的小黄蜂幼虫就有食物吃了。群居黄蜂和许多蚂蚁会麻醉苍蝇和其他昆虫，然后它们会把抓到的猎物分解然后运到巢穴里哺育它们的幼虫。众所周知，在昆虫世界里，哺育和照顾后代的责任大多都是由雌性昆虫承担的。还有一些种类的蚂蚁和蜜蜂会自己建造“房屋”并在那里养育后代，而且它们用自己采制的花蜜喂养后代。通过这些例子我们可以发现那些不能自己吃食的昆虫幼虫在享受着母亲的照料。

正在采花粉的大黄蜂

此外，其他种类的昆虫幼虫也都有自己独特的特征和生活方式，就像我们已经介绍的一样，有些昆虫的幼虫生活在水中，有些生活在植物的叶子、枝干里面，有些则生活在地下，还有一部分寄生在其他昆虫身体里。总之，我们通过这些昆虫事例可以得知昆虫的幼虫真是形形色色，并且每种昆虫都有自己不同的变态过程和适合自己的生活方式。我们通过观察蛴螬、毛毛虫、蛆虫等大量生活在陆地、植物、地面或者寄生在其他动物身上的昆虫幼虫，可以得出这样一个结论——每种昆虫都在这个巨大的生命舞台上占有一席之地并扮演着自己的一个小角色，而且它们每一个都是十分出色的演员。

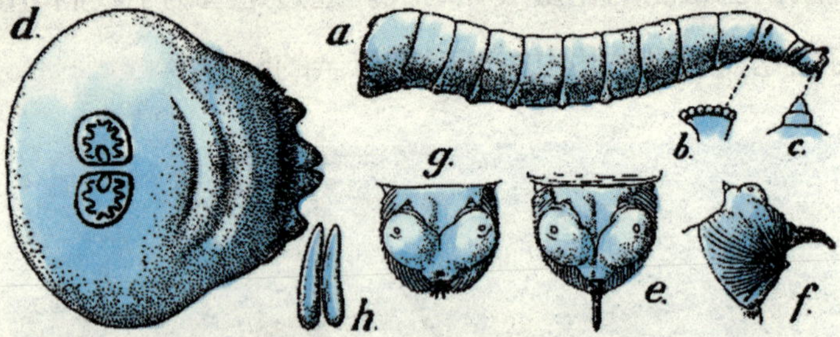

a.家蝇幼虫的侧面图，b.前胸上的呼气孔，c.触须，

d.身体后部的两个呼气孔，e和f.长着钩子的嘴，g.幼虫的头部，h.卵

第8章 昆虫的生命故事和季节

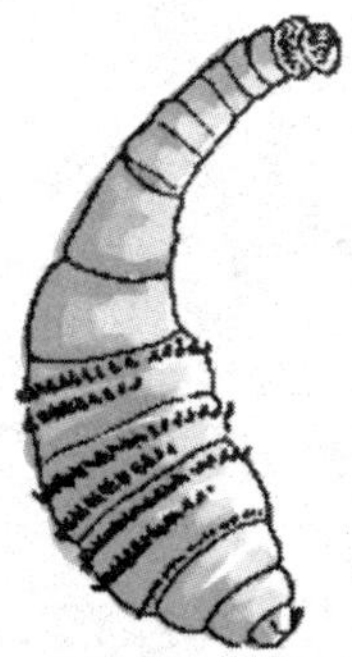

正在吸食的虎蚊

一只大黄蜂正在采食花粉

蝴蝶的毛虫

相信大家如果仔细观察的话，也会像我们一样发现这一点：昆虫的生命历程与季节的周期变化有着很大的关系。在前面的章节中我们已经谈到，有一些昆虫的幼虫时期非常漫长，如蜻蜓和蜉蝣的幼虫需要在水中待上好几年，而转变成有翼的成虫后却只在空中生存很短的一段时间，就拿蜉蝣的成虫来说吧，它会在几个小时内就死去呢！从这里我们会看到，这种昆虫只

马蝇

在幼虫阶段摄取食物，有翼的蜉蝣昆虫就不再食用任何物质了，只是完成配对、产卵等既定的任务。在这里，我们应该注意到一些与此类似，但生命却不是特别短暂的内生翅昆虫。

例如，马蝇和皮蝇的口器已经退化，不能摄取食物，它们的幼虫在马或牛身上（有些马蝇会寄生在人体）要寄生8~9个月的时间，而后才能蜕变成仅活几天的有翼成虫。同样，很多飞蛾也因为口器退化而不能摄取食物，枯叶蛾和毒蛾就是如此。值得注意的是，在这些短命的昆虫中，雄性常常有着精细的感官，我们相信，这可以帮助“他”尽快找到另一半。例如，雄性的蜉蝣有着复杂的眼睛，而雄性的蚕蛾和枯叶蛾的触须是梳状或是带绒毛的，分支上长着上千根感觉毛。此外，假如我们抓住一只飞蛾，把它放到它的同类常去的树木上，那么我们就关于发现，它被一群“爱慕者”包围了，而这些“爱慕者”就是被它的气味腺散发出的气味所吸引的。

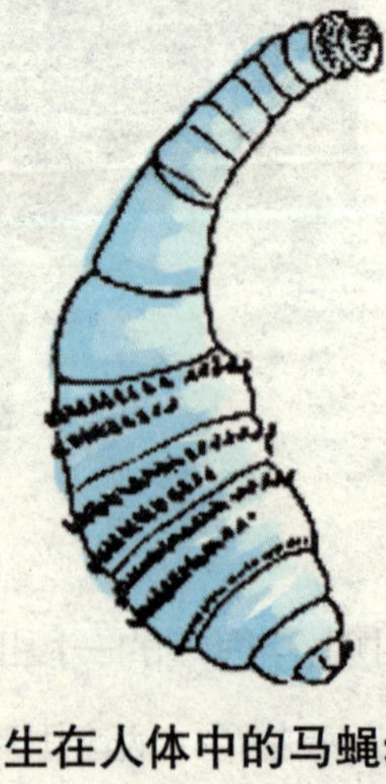

寄生在人体中的马蝇幼虫

你知道吗？昆虫在蜕变的整个生命历程中，也会出现缺少某个阶段的反常情况。在很多年前，N.瓦格纳就已经发现瘿蚊的一些早熟或未受精的卵会在母体中发育，最后反常地出生了下来。因此，我们可以猜测，也许有很多幼虫后代，既没有发展到蛹的形式，也没有形成成虫的形态。

人们研究了没有交配过的母蚜虫，在它们的体内发现了正在发育的卵，这说明它们不需要经过交配就能够繁衍后代。双翅目类昆虫就是直接产出幼虫，不会产卵。食肉类大麻蝇和其他种类的苍蝇则属于直接产卵的昆虫，它们把卵产在寄生主人的身体里，有些寄生在羊身上的马蝇也是这种产卵方式。双翅目家族的另外一些成员，例如吸血寄生虫虱蝇，它的幼虫就是在妈妈的体内度过的，因此这些虱蝇产下后代以后，它们很快就会变硬，颜色变深形成蛹。有一种白色的大蚂蚁繁殖的方式也十分奇怪，这些蚂蚁都是雌雄同体，它们会产下大大的卵，而且这些卵会孵化出一个发育良好的成虫。通过观察和研究昆虫的幼虫，我们可以发现等级比较高的昆虫进化的过程也比较简单。

如果认真地比较一下昆虫的生命过程，我们会发现这些事情都非常有趣，而且昆虫们的生命过程也不同。昆虫的寿命与它出生的季节、身体的大小和吃的食物有关系。通常来说，小昆虫的寿命也比较短，而个头较大的昆虫的生命也长一些；那些吃的食物营养价值高的昆虫要比以营养价值低的食物为生的昆虫成长得更快；在炎热的夏天里，由于气温高而且食物充足，因此昆虫的生命周期循环得要更快。

趴在叶子上的青蝇

大家还记得吗？我们在前面的章节里提到过大个头儿昆虫蜻蜓，并介绍了它的幼虫在水中度过的漫长生活和它的蛹的状况，还介绍了小个头儿的蚜虫在夏天进行的多次繁殖过程。下面我们要给大家介绍另外一些昆虫的幼虫时代。甲虫类中有一种跳跃的小叶甲虫，它的幼虫生活在绿叶中，可以吸收很多营养，因此它在变态转型的时候速度很快，而且有些后代会在春天和初夏的时候出现；而个儿头稍大的叩头虫的幼虫，也就是臭名昭著的铁线虫，靠吃树根为生，因此它们需要经过3～4年的时间才能够完全长成；一种大蚊子的幼虫也以吃树根为生，所以它的幼虫阶段也比较漫长，大约是1年以上；青蝇是肉食动物，它在几天之内就会变成成虫。而生命周期最长的，就是我们之前提到的“十七年蝉”了。

在我们这里有春、夏、秋、冬四季，因此观察不同种类的昆虫怎样度过冬天将是一件十分有意思的事情。我们在前面提到过的叩头虫，在夏天的时候会从蛹里面爬出来，等冬天到来的时候，它们就会躲在石块或者土块里面冬眠，等次年春天的时候才会在一些植物上产下卵。同时，因为它们在幼虫期的时间比较长，所以很多昆虫能够和铁线虫一样在地下度过好几个冬天，而且除非天气十分寒冷，否则它们可以依靠吃树根安全度过幼虫期。不过，也有一些昆虫到了冬天就没有食物可以吃了，它们会躲进一个温暖而安全的地方等待春天的到来，到那时它们就可以继续产卵，并延续新一代的生命了。大部分的双翅目家族成员会变成蛹度过冬天，这时蛹就变成了它们最好的防护罩。那些寄生昆虫会在寄生主人的身体里安然而舒适地度过漫长的冬天。

膜翅目家族中的瘿蝇在夏天和冬天里的生活特别有意思。栎树瘿在夏天的时候是虫子，慢慢地就变成蛹，日后就发育成长着翅膀的公瘿蝇和没有翅膀的母瘿蝇。母瘿蝇会在交配后开始在地下挖洞产卵——它们的卵都产在树根里，因此有这种苍蝇的卵的树根上面会有很多小球。它们在那里居住，经历幼虫期、蛹期，并转变为没有翅膀的母成虫。它们会在那里一直居住到2、3月份，然后爬到树上并把卵产在嫩枝上，以后这些卵孵出来的幼虫顺其自然地在栎树的树枝里生活，当夏天来临的时候完成交配。

鳞翅目类昆虫的冬眠方式给我们提供了一个很好的例证，让我们可以了解它在各个阶段的冬眠方式。比如一些在树上打孔的毛毛虫的幼虫通常会持续几个年头，而一些极少数的昆虫则能够在12个月中经历几次繁衍。

如果某个冬日非常暖和，阳光灿烂，人们或许会吃惊地发现一些常见的蝴蝶。其实这并不奇怪，因为这些昆虫的成虫会采用冬眠的方式度过冬天。有的人更觉得奇怪了：既然在冬天冬眠，为什么会飞出来呢？原来，这部分蝴蝶是在夏末或者秋末转变成成虫的，到了冬天，它们本来是在自己的家中冬眠的，但是因为这天的天气很暖和，它们误认为春天到了，于是就从家中飞了出来。而事实上，它们应该在次年春天到来的时候才出来。那时，它们会出来找到自己的幼虫喜欢吃的植物，并把卵产在植物的叶子上。在春天产下来的卵会在初夏孵化出幼虫，并在7月份变身成蝴蝶，而这些蝴蝶的后代就会成为夏末的蝴蝶，于是这一批蝴蝶就要经历冬眠的过程，它们就这样繁衍下去。

停在地上休息的蝴蝶

挂满醋栗的醋栗树

仲夏过后，醋栗尺蠖蛾就非常常见了，它们时常出现在我们的花园里。母蛾会把卵产在一些灌木丛上，比如醋栗树和红栗树，当然了，产卵的地点都是母蛾经过精心挑选之后选定的。它们的幼虫会在秋天出生，它们出生之后不是立刻去寻找食物，而是寻找卷起来的树叶、墙上的裂缝、树皮上的裂缝或者其他类似的可以过冬的地方，为度过漫长的冬季而做准备。等它们找好过冬的地方以后，就会在那里定居下来，接着再去外面寻找嫩叶吃，并把自己喂得胖胖的，那时它们的身体变成了奶油色、黄色和黑色相间的颜色。当它们的个头长到足够大以后，也就是说幼虫发育完全之后，就会在自己经常吃食的树上织一个茧子把自己包起来，里面就是一只长着黑黄色条纹、看起来像黄蜂的蛹了。它们就在那里平安地度过了整个冬天。

另外一种时常出现在我们的花园里的蛾子是灯蛾，它们和醋栗尺蠖蛾的过冬方式很相似，不过两者也有区别。灯蛾在7、8月份大量出现，它们会把卵产在许多不同的植物上。等幼虫从卵里面孵化出来以后，会立即去寻找食物吃，慢慢地它们的身体越长越大，中间会脱皮一两次，最后身体长度发育到一半的时候，它们就需要准备过冬了。它们身上那层厚厚的毛发足以帮助它们抵挡冬日的严寒。春天来临的时候，它们又开始吃食，等身体完全发育好以后，时间的小船就划到了5、6月份。仲夏来临之前，它们会在地上选择一个藏身的地方给自己织一个黄色的茧子，然后在里面变成蛹。

昆虫们在不同的时间孵化出来，经过一个从幼虫变身为蛹、最后变成成虫的漫长过程，而且每种需要过冬的昆虫都有自己独特的过冬方式。如果我们能够对每一种昆虫都进行认真细致的观察，就会有很多收获。讲到这里，我们基本上也就介绍完了昆虫的整个生命过程，通过阅读这些昆虫的生命故事，我们可以发现这些小生灵们在生命的不同阶段都具有可塑性，并且受周围环境的影响非常巨大，为了生存它们选择了适合自己的生活方式，并且能够成功地繁衍后代，生生不息。

介绍完昆虫的生命故事，我们由衷地感受到了生命的奇妙和生物们顽强的生命力以及它们的智慧。此外，也不得不感叹昆虫学家、生物学家们为此付出的辛勤劳动和他们那种令人敬佩的精神。可是我们或许会情不自禁地想到另外一个问题，那就是这些昆虫的发展历史是怎样的？在遥远的古代，它们有没有留下自己的足迹呢？下面，我们就一起来看一下吧！

越过没有留下明显“遗物”的志留纪，我们在来到了通常被认为是泥盆纪的化石中——通常这种化石被认为是关于昆虫的最古老的化石。紧接着在地球的下一个纪年——石炭纪，我们同样发掘出了许多昆虫化石。这些生活在古代的昆虫的个头儿都比较大，并且它们身上表现出的很多特点都与我们今天看到的蜉蝣、蜻蜓、石蝇和蟑螂十分相似。

栖息在树枝上的蜻蜓

在二叠纪，也就是古生代的最后一个纪年的化石上，人们发现了一种昆虫，它的口器和半翅类昆虫的口器很相似，并且翅膀和直翅类昆虫的翅膀几乎完全相同。如果这些化石值得信任，并且我们对昆虫的分类研究没有出错的话，那么我们就可以判断说，今天我们见到的一切昆虫在那个遥远的年代都曾经是外生翅类昆虫。

然而到了中生代，完全变态的昆虫可能是数量最多的一个大家族。三叠纪出土的化石里已经发现了甲虫和草蜻蛉的化石，而从侏罗纪的昆虫化石标本差不多已经可以找到我们今天看到的大多数昆虫了，其中包括鳞翅目类、膜翅目类和双翅目类。另外，在新生代的化石中找到了近6000种昆虫，并且它们和现在的很多昆虫都极为相似，我们很容易就能将它们列到我们今天给昆虫划分好的纲目里面。

由此，我们可以得出一个结论，虽然我们对那些已经灭绝的昆虫并不十分了解，不过我们依然可以推测出，大多数昆虫在地球进入新生代以前，就已经开始了变态的复杂生命过程。另外，通过对一些寄生虫的研究也可以帮助我们确定，不同的昆虫早在很久以前就开始了不同的变态过程。例如，V.L.凯洛格曾指出，同一种禽虱寄生在澳大利亚的食火鸡和两种南美洲的鸵鸟身上；而且另外两种属于一个属的禽虱，在非洲鸵鸟和南美洲的另外一种鸵鸟身上十分常见。

高大的鸵鸟

这种现象表明，这些寄生虫从远古时代开始就寄生在这些鸟类的祖先身体上，并且始终都没有离开，时间最早大概可以推到地球的新生代早期。另外，寄生在牛和鹿身上的牛皮蝇幼虫，在形态上一定和那些在新生代见证寄生主人变化的祖先不同了。

通过对昆虫进行的简短历史介绍，我们不难发现，外生翅类昆虫比内生翅类昆虫先进，并且变态过程简单的昆虫要优于变态过程复杂的昆虫。虽然这种观点听起来很合理，但是我们在研究昆虫的过程中遇到了难题，因为如果一个身体结构最复杂的昆虫经历了一次最复杂的变态过程，那么这只昆虫就是一个很明显的例外了。

还有一些学习昆虫变态学的学生认为，如果毛毛虫或者蛆必须被看作是一种昆虫的幼虫的话，那么那些本身就只是毛毛虫式蛆不会变身的昆虫又该怎么解释呢？关于这一点，经过研究大量的例证，我们认为布劳尔提出的观点十分可信，那就是那些本身就是毛毛虫或者蛆的昆虫，是进化过程中的一个特殊产物，它有自己的幼年时期和相应的生活方式。

吃苹果的毛毛虫

通过研究和学习昆虫的生活方式和变态过程，我们了解了这些生活在我们周围的小生物，同时它们也在生命进化方面给了我们一些启示，更使我们意识到“我们对很多事情还一无所知”。相信第一次看到小昆虫们从一只爬行的毛毛虫变成一只会飞的昆虫，会让很多人感到吃惊，可是即使我们知道了它们的变态过程，这里面依然有很多东西是我们目前还无法理解的。

我们这次研究的最大收获，或许就是知道了昆虫们是怎样从幼虫变为成虫的，同时它也启示我们，如果两种幼虫有很大区别的话，那么它们的最大不同点就是生活的环境不同。有些幼虫爬行在树叶上，还有些幼虫生活在水中，但是它们却都在为变态做准备。还有一点很有讽刺意味，那就是它们为变态做准备的时间要远远多于变态后生活的时间，也就是说，它们变态以后享受的生活时间远远低于为变态做准备的时间。

可是，大自然的确给我们提供了很多昆虫变态的有趣故事，这些真实的故事一直都在吸引着那些对昆虫感兴趣的人，让他们逐步解开其中的奥秘。现在我们已经解开了很多秘密，可是依然还有很多奥秘等待着我们去探寻。

附录

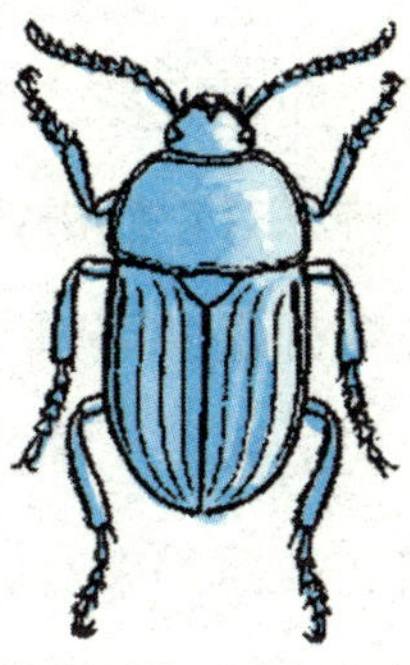

昆虫是一个大家族，拥有很多成员。昆虫研究者在对昆虫进行了研究以后，特意对它们进行了分类。现在昆虫分类中出现的纲、目等这些分类概念都是由瑞典一位叫做林奈的博物学家提出来的，其中纲是比目高一级的概念，另外昆虫学者们还在纲和目下面又分出了亚纲、总目、目、亚目等来对昆虫进行进一步的划分和研究。我们在书中提到过缨尾目、弹尾目、亚科昆虫、直翅目等概念，相信大家在看到这些概念时一定会有些迷惑。大家不要着急，我们接下来就会简单地介绍一下这些概念。但是，在这之前，我们还是先简单地看一下昆虫的分类大纲吧！

昆虫的分类大纲

纲	目		代表昆虫
无翅亚纲		缨尾目	衣鱼
		弹尾目	跳虫
有翅亚纲	外生翅总目	革翅目	蠼螋
		直翅目	蟑螂、蚱蜢
		襀翅目	石蝇
		等翅目	白蚁类
		啮虫目	书虱、咬虱
		蜉蝣目	蜉蝣
		蜻蜓目	蜻蜓
		缨翅目	蓟马
		半翅目	臭虫、蝉、蚜虫
		虱目	虱子
	内生翅总目	脉翅目	草蛉
		鞘翅目	甲虫
		长翅目	蝎蛉
		毛翅目	石蛾
		鳞翅目	飞蛾、蝴蝶
		双翅目	大蚊、蠓、家蝇
		蚤目	跳蚤
		膜翅目	叶蜂、蜜蜂、黄蜂

本书中的部分概念简介

1. 缨尾目：它是昆虫纲里的一个目。这个小目里面的家族成员身上都长着银灰色的鳞片，以及一对细长的尾须和一条中尾丝。这个家族的成员大都生活在湿地里、树皮下、石头下面以及苔藓或者岩石上面，还有少数成员生活在室内。这个家族的代表成员是衣鱼。

2. 弹尾目：它是昆虫纲里面的一个目。这些成员俗称跳虫，它们的足迹遍布全世界，大多数都群居在土壤里，生活在潮湿隐蔽的地方，比如土壤、原木、腐殖质或者粪便里面。甚至还有一些弹尾目的昆虫生活在终年积雪的高山上面。这个家族的成员有雪蚤等昆虫。

3. 直翅目：直翅目的昆虫的体型都是中、大型，而且比较壮实。它们的前翅是覆翅，后翅呈扇子形状而且可以折叠。这类昆虫的后足大都很发达而且善于跳跃。这个小家族的成员的足迹遍布世界各地。代表成员包括蝗虫、蟋蟀、蝼蛄等。

趴在草叶上休息的蝗虫

4. 脉翅目：脉翅目的昆虫通常被称为蛉，它们的幼虫和成虫都会捕食害虫，比如蚜虫、叶螨和介壳虫等。这个小家族的成员里，成虫最小的体长大约1毫米，翅膀伸开以后长约3毫米；成虫最大的体长大约50毫米，翅膀伸开以后长约120毫米。它们的复眼很大，里面最少有3个单眼。这个家族的成员主要包括草蛉、粉蛉、蚁蛉、褐蛉等。

5. 毛翅目：毛翅目昆虫的成虫被称为石蛾，它的幼虫也被叫作石蚕。这些幼虫生活在溪流或者湖泊里面，比较喜欢冷一些而且没有污染的水域，另外它们的适应能力比较弱，因此可以被用来测试水流的污染程度。

6. 膜翅目：膜翅目的昆虫体长在0.1～65毫米左右，伸开后的翅膀在0.2～120毫米左右，是昆虫里面体型最小的了。这个小家族的成员包括蜂类、蚁类等昆虫。它们有的吃植物，比如一些蚁类和蜂类，还有的是肉食昆虫，比如胡蜂等。

正在吃食的蜜蜂

7. 双翅目：双翅目的昆虫的体型从小型到中型，长度在0.5~50毫米之间。它们的体型要么短而宽，要么纤细，还有一些呈圆筒形或者接近球形。它们都长着一对膜质的前翅，而且后翅已经退化成平衡棒了。这个小家族的昆虫有蚊子、虻、蠓等昆虫。

趴在木板上的一只虻

8. 鳞翅目：鳞翅目的昆虫的身体和翅膀都长有鳞片。这些昆虫的体型从小型到大型。它们的幼虫经过一段时间之后都会吐丝结茧变成蛹，这些蛹被称为被蛹。这个家族的成员包括蛾类和蝶类，因此大都比较漂亮，惹人喜爱。但是它们大都是害虫。

一只凤蝶在采花蜜